Ahmed Hasnaoui

Le monde des mécréants

Ahmed Hasnaoui

Le monde des mécréants

Éditions Muse

Imprint

Cover image: www.ingimage.com

Publisher:
Éditions Muse
is a trademark of
Dodo Books Indian Ocean Ltd., member of the OmniScriptum S.R.L Publishing group
str. A.Russo 15, of. 61, Chisinau-2068, Republic of Moldova Europe
Printed at: see last page
ISBN: 978-620-3-86680-3

Le monde des mécréants

Quelqu'un a posé une question à un grand savant religieux ------ est-ce que la pratique d'une religion a un effet sur la personnalité ? Et au savant de répondre ----------------- qu'est-ce ce que vous êtes en train de dire là ? Sans religion, de la personnalité, on n'en a point.

Note de l’auteur :

Il est vraiment regrettable de ne pouvoir tout dire sur le monde des mécréants ; un bouquin et même plusieurs s’inscrivant dans le même sillage nepeuvent sérier tous les maux y afférents. Et pourtant le nombre de gens qui ontla foi et mettent en pratique les préceptes de la religion se comptent sur les doigts des mains !!!

Introduction

Chaque individu sur terre vit dans un monde qui lui est propre, à découvrir par les uns et les autres. Ouvert sur les autres mondes ? Pas totalement, du fait qu'il ne cherche à côtoyer que celui, qui partage avec lui les mêmes idéaux, qui lui ressemble. Un individu mécréant pense que les autres sont comme lui. S'il ala certitude que quelqu'un qui le côtoie est tout à fait son contraire, il devient de facto son ennemi juré. Un mécréant observe le motus et bouche cousue pour ne pas dévoiler sa véritable nature. Avec le temps il apprend à jouer la comédie, et réussit, dans bien des cas, à peindre avec des mots de grands tableaux et leurrer plus d'un des gens non avertis.

....

Un individu mécréant vit en marge de la société ; même s'il occupe un poste de travail à quel niveau qu'il soit, du fait que son auguste personne passe avant toute autre considération, il soutient dur comme fer : qu'on ne vit qu'une seule fois. Ce passage sur terre est toute une approche adoptée pour : vivre le plus longtemps possible, richement. Un individu mécréant fuit la pauvreté ; hait la personne pauvre dusse être un membre de sa famille ; au moindre bobo il court consulter un médecin.

....

On apprend à connaitre un individu mécréant, avec le temps ; ses actes le trahissent et puis par le fait que son langage ne reflète pas ses actes. Pire que cela, il devient hypocrite ; tout ce qu'il y a de nuisible à la société. Ce type d'individu est, généralement, instruit connait les préceptes de la religion sur le bout des doigts et les clame haut et fort. Mais ce n'est qu'une astuce afin de faire des coups susceptibles de l'enrichir puis disparaitre d'un milieu qui lui est étranger, de circonstance, et puis réintégrer son milieu naturel celui des mécréants.

....

Comme de grands Hommes et de grandes Dames qui ont marqué l'histoire et qu'on qualifie de saints et saintes, d'autres ont atteint le summum de l'athéisme, et eux aussi resteront jusqu'au dernier jour sur terre à citer dans des circonstances particulières ; à les comparer aux autres, leurs contraires. Des thèses sont avancées par des chercheurs qui ont étudié untel qu'on qualifie de dictateur et qui n'est en fin de compte que l'incarnation du Diable.

Chapitre : 01
Le choix de l'itinéraire

Je suis venu au monde dans un milieu athée. Certes, le bon Dieu est évoqué mais à de rares moments de tristesse, où arrivé à une impasse, ou bien on est sujet à une maladie, une infortune, on disait------ô mon Dieu, qu'est-ce que je t'ai fait ? Et puis on se lamente pour dire ----- Dieu a octroyé des biens à untel, pas à moi, moi le pauvre malheureux. Au sein de la famille comme dans le voisinage immédiat ; dans la rue comme à l'école, le bon Dieu est presque ignoré totalement. Pauvre, on lorgné untel riche comme crésus, un regard chargé de haine comme si lui est pour quelque chose à une situation qui fait qu'on patauge dans une fange de misère ; le riche, lui, dans bien des cas, vous toise comme s'il a affaire à un insecte ou un chien galeux !

……………………………… ……………………………… ………………………………

Je me souviens, moi Mr. Fakir, comme si cela datait d'hier de mon entrée à l'école. A cette époque, presque une époque de disette, mes camarades de classe étaient plus ou moins bien lotis. Quelques-uns bien habillés appartenaient à des familles riches, mais ce n'étaient pas seulement leurs vêtements qui laissaient transparaitre leur richesse. Ils ne se mêlaient pas aux groupes. Deux ou trois minutes avant l'entrée en classe ils faisaient leur apparition comme tombés du ciel, surement ramenés en auto par un parent. Etpuis c'était plus particulièrement leur langage, des propos qu'ils échangeaient entre eux, qui laissaient échapper quelques bribes d'une conversation commentant un film passé hier dans la soirée à la télévision ; un poste récepteur d'images que beaucoup ignoraient de quelle manière il était fait.

……………………………… ……………………………… ………………………………

A vrai dire, beaucoup de gens ignorait totalement ce que veut dire exactement : avoir de la foi ou son contraire, qui est Dieu et qui est Satan ! Dans ce sens, penser que : sans passer à l'acte, cela ne veut dire absolument rien ; il faudrait voir untel agir sur le terrain en qualité de : …. pour avoir une idée précise. Moi, Mr. Fakir, il m'a été très difficile de me ranger définitivement d'un côté et puis faire du chemin jusqu'à avoir une conviction profonde de l'existence du bien comme du mal. Il est certain que j'ai été contraint de ne plus évoluer en zigzag une fois arrivé à une impasse. J'ai fait travailler ma jugeote, à l'époque, pas très fiable, pour avoir la conviction de ma condition desimple créature chétive, et par voie de conséquence : la vérité m'échappait complètement. Commence alors un travail visant à renforcer une possibilité d'appréhender l'existence sous un angle précis en faisant appel à l'expérience des autres et remonter même jusqu'aux pionniers qui ont ouvert une brèche dans ce sens. Certains ont effectué de grands travaux consignés dans des bouquins ; d'autres ont tourné des films ; produit des pièces de théâtre ; ont chanté un fourvoiement sinon une remise sur rails. En parallèle de cela, le doute s'est trouvé lui aussi renforcé, par moment, pour s'affaiblir sans s'éteindre à jamais.

………………………………… ………………………………… ……………………

Les opposants au bien comme au mal, là où vous mettez les pieds vous attendent de pied ferme, ils vous invitent de part et d'autres à : stopper net votre évolution et à les suivre ; usent de toutes les astuces afin de vous dissuader. Essayer d'évoluer sur le sentier du bon Dieu, de nos jours, est très difficile. La religion monothéiste, quelle qu'elle soit, a perdu beaucoup de son essence ; elle a été dénaturée, déviée de son cours initial à des fins : politiciennes et autres. Des hypocrites ont mis la main à la pâte, pour manipuler des gens qui ignorent ses préceptes les plus élémentaires, pour desintérêts mesquins visant simplement avoir une place au soleil. On arrive, parfois, de trouver une personne à même d'éclairer ses semblables sur beaucoup de chose ; toutefois, ce n'est guère suffisant. En l'absence d'instances indépendantes ce n'est guère suffisant. la science, la vraie, est cellequi a pour but de propager la bonne parole ; cependant, un tas de gens bien intentionnés perdent pied et retournent la veste devant une population ignorante, crédule.

……………………………… ………………………… …………………………

Croyance ou athéisme, cela se traduit à travers les actes en toute âme et conscience. Très jeunes, des apprentis religieux se font distinguer par des vêtements propres à cet effet. On les rencontre un peu partout : dans la rue ; à l'école ; des petits diables laissent présager à moyen ou à long terme un individu, homme ou femme, sans foi ni loi. Ils font de farces, généralement, auxvieilles personnes ; volent à la tire ; font usage de propos orduriers. D'autres éléments entrent en jeu pour installer durablement untel dans une position provisoire ou bien le font basculer de l'autre côté pour un aller simple. Sans relation aucune avec le bon Dieu on ressemble, dans bien des cas, à un chien sans collier. On se cherche, et on met un temps fou pour faire un choix comme pour jouer un rôle dans le théâtre de la vie qui déroule ses scènes un peu partout au quotidien, de jour comme de nuit ; le caractère de croyant ou athéecolle comme une étiquette à la peau d'untel qui l'étale comme une marchandise dans une vitrine ou bien soutient être le contraire.

....

Convaincu jusqu'aux bouts des ongles quant à son comportement, parfois, bizarre à première vue, un soi-disant croyant brandit le spectre d'un au-delà où il faudrait rendre compte d'une existence menée de bout en bout, depuis la naissance jusqu'au trépas. Le non croyant ou se réclamant comme tel essaye de ridiculiser l'autre qui ne partage pas avec lui sa vision sur ce passage ici-bas, qu'il le voit naïf, un aval couleuvres et j'en passe. Celui qui fait du chemin dans la pratique de la religion selon un travail assidu et puis une assistance divine, peut-être se rendra-t-il compte : d'avoir mal agi, mal compris ; sous-estimé le mal et ses pivots ; avoir trop versé dans les sentiments au détriment du bon sens etc. et par voie de conséquences réajuster le tir est plus que nécessaire. L'autre se réclamant comme athée continue une aventure pour enfreindre leslois. Une barrière psychologique, est parfois franchie, qui lui ouvre bien des portes sur : le libertinage ; le vol ; le détournement des biens ; l'assassinat.

....

Un choix est fait, une fois devenu adulte, qui tient compte pour le croyant : d'une science acquise ; une ouverture d'esprit. Le mécréant, lui, pourrait acquérir des biens terrestres de tout genre ; accéder à un poste de responsabilité, pour faux et usage de faux, sur l'échiquier social, en ce qui concerne un sans foi ni loi. Des deux côtés, l'un et l'autre ont une vision propre sur la société à laquelle ils appartiennent.

L'existence, en ce qui concerne l'être humain, sur terre repose sur la foi ou son absence, pour un temps ; une ferme conviction viendra par la suite après un travail, parfois de longue haleine, afin d'être éclairé, dans une certaine mesure ou un enfoncement jusqu'à descente aux enfers.

....

Une situation de : pauvreté ou de richesse ; de santé ou de maladie ; d'individu instruit ou analphabète ; doté d'un savoir cumulé ou dans une ignorance totale etc. certes joue un rôle déterminant quant au choix de l'itinéraire à emprunter. Cependant, d'autres facteurs entrent en jeu et les réactions diffèrent d'un individu à un autre. Certains disent avoir été contraints de : voler ; de mentir ; de trahir ; de tuer-même. D'autres préfèrent remettre leur sort entre les mains du seigneur, qui est leur berger. Qui a tort et qui a raison ? Toute une culture est développée dans ce sens : celle des gens croyants ayant la foi et une autre propre aux mécréants.

Chapitre : 02
Nous les hôtes du prince des ténèbres

Moi, Mr. Fakir, je ne sais pas si les autres, du moins une partie d'entre eux, pensent comme moi ; mais j'ai l'impression d'évoluer dans un monde à l'envers. Les valeurs sont inversées pour qu'untel soit adoré comme un Dieu sur terre ! Certes, il a de l'argent et il est puissant, pour nuire, mais pas pour assistance de personne en danger. Cependant, pour les connaisseurs il est surtout épaulé par quelque chose qui agit dans l'ombre. A quel niveau qu'il soit, à des degrés extrêmes d'athéisme, il nage comme un poisson dans l'eau ; ilne connait pas de souffrance physique ; il perd un emploi et du jour au lendemain le voilà décrochant un poste de responsabilité plus important ! Il faudrait, peut-être, avoir une idée précise sur son comportement afin de se remettre à l'évidence. De la religion il n'en a point ; il picole ; il court l'autre sexe ; il n'hésite pas un seul instant à piquer un bien des autres si l'occasion seprésente.

....

En faisant mention de degrés extrêmes d'athéisme, moi, Mr. Fakir, je citerai des cas d'incarnation du mal. Mais quelqu'un que rien ne émeut, qui fait passerson auguste personne avant tout le monde, même ses parents, ses enfants, que lui reste-t-il des qualités des humain ? Ne se différenciant guère d'un animal que par l'usage de la parole, lui se réclame avoir une belle voix, pour peu qu'il chante être né pour commander de par : sa physionomie, son profil etc. et s'il parle d'une science qu'il détient, il ne ment pas du moment qu'il cultive tout un art pour gruger les gens. Conscient de ses fourberies, il pense avoir compris ; les autres sont des ignorants, des faibles d'esprit qui croient auxmiracles.

....

Le paradis s'il existe, d'après eux, ne se trouve nulle part ailleurs, il est ici sur terre, à construire par la force des bras. La pitié ? En ce qui concerne certains individus parvenus à leur situation actuelle, ils posent la question de où est-ce qu'elle était cette pitié lorsque moi j'étais pauvre, sans toit, sans amis ? Évoluant comme dans un territoire ennemi, un mécréant qui parle : d'humanisme ; d'assistance à autrui ; de bon voisinage ; de confiance etc. agit en fusant usage du contraire des propos chantés çà et là lors des événements où des gens de bonne foi observent un silence religieux car le connaissant trop bien pour croire à ses balivernes.

……………………………… ………………………… ………………………

Et Satan est là présent sur terre couvrant de son ombre ses prévôts. Il réalise, certes, des miracles, dans des conditions particulières et jusqu'à une certaine limite où intervient le bon Dieu pour mettre fin à une situation qui ne pourrait durer sans porter préjudice aux gens croyants. Un équilibre est alors rompu et qui doit être rétabli quitte à décimer toute une région, anéantir toute une race. Des cas similaires se sont produits à travers les âges où le courroux du bon Dieu s'est abattu. Il est question de tremblement de terre ; d'inondation voire de déluge ; des épidémies ; des pandémies etc.

……………………………… ……………………………… ………………………………

Si dans un au-delà il y a un éternel paradis, ici- bas : des biens mal acquis ; une situation de Roi avec ou sans couronne et tout ce qui va avec ; la limite extrême ne dépasse guère 40 années. Et pourtant les yeux s'aveuglent ; les oreilles se bouchent ; le cœur ne bat plus la chamade rien que pour ce qui brille ; le cerveau marque un arrêt total que ne mettre en pratique qu'une logique destructrice, celle de : après moi le déluge ; commander par la force des bras etdes armes ; assoir une dictature ; se réclamer Dieu, s'il le faut.

……………………………… ………………………… ……………………………………

Ce que fait Satan sut terre est le contraire de l'original ; cela ressemble, dans bien des cas, à des corps de métiers tels que : les militaires ; la gendarmerie ; la police etc. Il est des agents simples, des hommes de troupes, à la solde du mal ; des sous-officiers et autres officiers supérieurs. Ces forces que Mr. Fakir imagine pourraient paraitre invraisemblables, et pourtant, à bien réfléchir et voir se qui se passe sur le terrain, un constat réservé à certains initiés : il y a de quoi perdre la boule. Le simple Monsieur tout le monde ne voit-il pas qu'il existe union et ressemblance naturelle entre : ivrognes et drogués ; mafia et ripoux ; des détourneurs de biens publics etc. des mécréants se regroupent pour zigouiller untel, pas pour un mal qu'il a fait mais pour non- respect d'un ordre hiérarchique. L'honneur chez les mécréants se mesure au : degré de nuisance ; la dureté du cœur ; une envie folle d'avoir tout et tout de suite.

Chapitre : 03
Mécréants pacifiques et autres nuisibles

Beaucoup de gens sans foi aucune essayent de leurrer les autres en faisant montre d'une générosité ; parlent d'humanisme ; font mention des droits des handicapés etc. ce n'est là qu'une couverture afin d'agir à leur guise, et puis à différents niveaux de cette non croyance on devient plus ou moins nuisible. Le monde des mécréants compte parmi ses membres des gens au plus bas étage de la société comme d'autres au plus haut de la hiérarchie. Chacun trouve son compte en qualité : de sdf ou de châtelain. Tous vivent en parasites voire en marge de la société du fait qu'ils ne participent pas à son évolution ; le cas échéant, ils veulent avoir la part du lion en laissant échapper quelques miettes, des cas vraiment rarissimes.

....

Un mécréant ne s'acquitte pas de son travail comme il se doit ; il estime toujours être mal payé ; son chef lui cherche la petite bête ; il arrive en retard et il a un prétexte à cet effet ; le soir il essaye de partir avant l'heure, les causes ne manquent pas. Chef d'un quelque chose, il est méchant à ne pas décrire, il s'acharne sur un ouvrier pour peu qu'il ait vent de ses faiblesses, inconsciemment, il garde une haine incomparable envers un ouvriers ayant la foi et plus encore des possibilités de percer ; un ennemi susceptible de lui chiper son poste de responsabilité.

....

Depuis que le monde est monde, mécréants et croyants n'ont pas enterré la hache de guerre ; la plupart du temps c'est une guerre froide. Et quel est le nombre des mécréants au sein des sociétés aux quatre coins du globe ? Il est effarant ! Tel un caméléon, ils épousent la couleur la couleur de leur environnement, font le mal et agissent au moment opportun. Mr. Fakir note, à cet effet, la nature du moi profond d'une personne sans foi ni loi.

----- une assurance inébranlable de soi ;

---- pas d'amour propre ni dignité ; au besoin il devient chien ; en position de force, il est sans pitié.

Il est parmi les gens mécréants de fins psychologues qui ont une parfaite connaissance de la nature humaine ; vous ne pourrez jamais les convaincre ; une fois ayant su une vérité, ils vous ridiculisent, cette dernière est gonflée à outrance pour prendre la forme d'une caricature.

....

Crains Dieu et crains celui qui ne le craint pas ; un adage populaire qui passe pour une vérité incontestable. Il faut voir, en effet, un mécréant en action afin de pouvoir se prononcer sur son cas. A un degré ultime, il pactise avec le Diable pour parvenir à ses fins. Des personnes de ce genre, Mr. Fakir en a connu un qui a partagé avec lui le même bureau au sein d'une entreprise de production. Tout le monde le prenait pour un fou alors qu'il n'en était pas un ! Durant plus d'une quinzaine d'années qu'il a travaillé dans cette entreprise, il a fait presquetoutes les directions, tous les services en qualité de gratte papiers alors qu'il était tourneur de formation. Avec une facilité inouïe, il faisait une demande de mutation laquelle était accordée tout de suite afin de s'en débarrasser ; il était un fauteur de troubles invétéré. Lors de sa dernière mutation, un directeur d'un centre de :... a tenu ce langage au chef de service preneur de cet employé : ---- vous ne connaissez pas celui -là, il n'a pas toutes ses facultés mentales ; il va vous créer de sérieux problèmes. Et ça a été le cas. Cette fois, il a essayé d'agir sur le moral de Mr. Fakir lui-même avec qui il a travaillé auparavant dans une autre direction et qu'il lui a échappé après une formation de : ... seulement, cette fois-ci, Mr. Fakir en homme averti lui a donné du fil à retordre et le Sieur damné n'a pas trouvé mieux que de battre en retraite anticipée. Le dernier jour, alors que ses collègues retraités ont quitté l'entreprise après un repas, une sorte de collation et touché leur chèque avec une prime de départ, lui Monsieur Damné est resté jusqu'à 16h00, heure de fermeture ; jusqu'à la dernière minute il a estimé trouver un point de faiblesse propre à Mr. Fakir et lui administrer le coup de grâce.

Chapitre : 04
Mécréants à la vitesse supérieur

Le croyant comme celui dit athée, tout au long de son parcours ici-bas font une série de découvertes, peut-être jamais imaginées auparavant. Il en est des bonnes qui incitent à la poursuite d'un but plus consistant et des mauvaises à même de semer du doute. Si on arrive à ne pas perdre pied, il faudrait redoubler de vigilance ; passer à une vitesse supérieure. Le croyant multiplie prières et implorations de Dieu ; essaye de ne pas faire du mal ; ferme les yeux sur la méchanceté des autres ; cède son droit à plus faible que lui etc. le mécréant fait comme aiguiser son mal, revoie et corrige son tir en faisant appelà une logique machiavélique ; une expérience personnelle acquise au fil des années ; une approche qui a atteint un but avec untel etc.

....

Et il est parfois un problème qui n'admet presque pas de solution ; et le mal est là prêt à offrir ses services, une assistance technique, en quelque sorte, qu'il met à la disposition d'un client, un frère à rallier à sa cause, à condition de : ... et le mécréant, qui pense ne plus pouvoir s'en sortir, a le cœur qui bat la chamade ; il est prêt à vendre son âme afin d'obtenir satisfaction. Et le prévôt de Satan c'est ça ce qu'il cherche. Et c'est alors que le mécréant appuie sur l'accélérateur et passe à une vitesse supérieure.

....

Avec les mécréants il faudrait, peut-être, avoir une idée sur l'origine du mal ; la méchanceté n'est pas gratuite. A une vitesse supérieure en pactisant avec le Diable, le méchant devient doux comme un agneau ; à un degré plus bas, plus vil, il devient un passeur aux frontières ; qui dit frontières dit limites entre : deux états ; deux nations ; deux mondes, celui des humains et un autre appelé communément monde parallèle. Sans l'existence de ce dernier, un individu mécréant perd toute sa nature et sa raison de vivre ; son savoir- faire etc. Les passeurs aux frontières existent bel et bien depuis que le monde est monde ; leur nombre augmente et diminue par endroit à des périodes bien déterminées. Jadis ils causaient la perte de toute une nation ; provoquaient un déséquilibre flagrant de sorte que la vie sur terre devenait insupportable, un véritable enfer. Et le bon Dieu à chaque fois envoyait un prophète, un messager. Cette approche, dans bien des cas, a peu ou pas attient le but escompté, et c'est alors que son courroux s'est abattu en nature de : déluge ; séismes ; épidémies ; invasions de sauterelles etc. ce n'est là qu'une sélection naturelle ouvrant droit à des gens de bonne volonté de faire leur bonhomme de chemin en toute quiétude, et puis avoir une progéniture à même de peuplerla surface de la terre. Au jour d'aujourd'hui, d'après les écritures saintes, plus d'envoi de prophète ni de messager ; des savant, les héritiers de ces derniers, ont pris la relève.

....

Toutefois, la science, la vraie, se fait rare ces derniers temps ; la religion, qui en est la source et cette dernière, a été détournée de son cours et utilisée à des fins politiciennes ; l'homme de Dieu qui a pour mission de propager la bonne parole, de veiller à la critiques des gouvernements en matière d'élaboration des lois, scélérates, incompatibles avec la vie sur terre dans la transparence la plus totale et permettre un partage équitable des richesses. Au lieu et place, une religion de l'état qui emploie des fonctionnaires qui n'ont de choix que de verser dans son pot. A écouter les prêches clamées haut et fort dans la maison du Dieu, on a tendance à croire à une place au paradis à la portée de la main.
Juste en mettant un pied dehors, un enfer étale sa misère, humaine ; hommeset femmes, en perte de repères, tendent la main en quête d'un bout de pain rassis.

....

Et des gens, les plus vils que la terre ait porté, des Diables instruits, avec de hauts diplômes, ont vu là une occasion rare pour utiliser le petit peuple pour chasser un dictateur et puis prendre sa place. Depuis l'étranger via les médias lourds, l'internet, ils envoient des flèches empoisonnées ----- faites une grève générale ; sortez dans la rue. Pour peu qu'ils disent------ mourez pour nous qui viendrons prendre les rênes du pouvoir. Y a –t-il plus mécréants que ceux –là ? Et pourtant le passeur aux frontières, une seule personne, fait des ravages en brisant des foyers, des familles entières éparpillées sans possibilité de réconciliation, des orphelins qui réclament une tendresse parentale.

Chapitre : 05
Comment je suis devenu passeur aux frontières

Cela équivaut à dire : comment j'ai perdu la foi pour avoir accepté une possession à chaque fois renouvelée.

....j'ai fait comme entrer dans un autre monde après avoir commis un délit majeur ; j'ai enfreint une des lois qui régissent cette évolution sur terre. Mais à cette époque- là, loin du bon Dieu et sans une relation aucune avec lui, j'ai pensé n'avoir rien fait et surtout jamais imaginé les retombées de mon acte.
Avec le temps, à peine si j'ai remarqué des changements s'opérant en ma personne, psychologiquement parlant. Des valeurs morales glanées çà et là durant des décennies ont fait comme tomber d'un sac troué. Et j'ai perdu la foi à une vitesse vertigineuse pour ne plus croire en rien ! En parallèle, tout m'est devenu permis. Toute honte bue, j'ai entamé de m'approprier les biens des autres par tous les moyens possibles et imaginables. La honte ? Je l'ai balayée par un revers de la main, et je me suis fait une autre mentalité. Et puis tout d'un coup, sans crier gare, j'ai été comme sur du charbon ardent, une passion m'a poussé à adorer l'autre sexe, mais vraiment je n'en reviens pas ! Plus tard, beaucoup plus tard, j'ai eu une idée quant à cette pratique du coq de la bassecour, ce qu'elle cache comme une vérité incontestable. J'ai pensé réintégrer le sentier du bon Dieu, cela n'a pas été facile ; je n'ai plus de protection, une immunité en quelque sorte contre les forces des ténèbres.

....

.... Le mal était là présent mais invisible, j'allais connaître un petit bout de vérité malgré que je ne fusse pas préparé à cet effet. Un livre version originalétait là sur l'étalage d'une bibliothèque nationale, je l'ai pris et lu un résumé sur la page arrière du bouquin. Tout de suite j'ai pensé avoir affaire à un livre genre porno, mais s'en était pas un. Je ne me souviens plus du titre afin d'effectuer des recherches, ce bouquin est d'une valeur inestimable en matières de certaines vérités qui a trait à des lois universelles, Divine.
Toutefois, les quelques mots encore enregistrés dans ma mémoire m'ont mis la puce à l'oreille. Et puis il y a eu des événements qui ont éclairé ma voie en ce qui concerne les passeurs aux frontières d'entités venant du monde parallèle ; c'est à devenir dingue !

....

La soixantaine passée, moi, Mr. Fakir, je mets un pied dans un monde, propriété et chasse gardée, de personnes athées. Durant un laps de temps, j'ai comme eu un choc psychologique, et je suis mis à soliloquer. Sans m'en rendre compte, il m'est arrivé de lancer à tue –tête des propos incohérents pour ceux et celles se trouvant dans mon environnement immédiat. En ce qui me concerne, c'est une vérité que je ne pouvais admettre ----- est-ce cela est vrai ou bien je suis en train de délirer ?

Si j'avais à écrire un bouquin, laisser une trace de mon passage sur terre, je l'intitulerai : comment j'ai acquis la foi. La foi, presque tout le monde clame haut et fort en détenir au moins un petit bout. Ils se comptent sur le bout desdoigts ceux et celles qui ont une idée sur quoi il retourne. Certes, je ne parleraipas assez afin de donner une vue d'ensemble cohérent. Cela ressemble à une forêt vierge dans laquelle il est plus que recommander d'avancer sur la pointedes pieds. La foi, c'est cette existence sur terre mouvementée, avec ses hauts et ses bas, avant de l'avoir comme il se doit ; une aventure pour les uns téméraires qui lâchent tout et se consacrent à l'adoration de leur seigneur et maitre.

Chapitre : 06
Comment je suis parvenu à avoir la foi

Il est des gens qui disent être nés avec une prédisposition à croire à l'existence d'un bon Dieu, créateur et maitre des cieux et de la terre ; dans un environnement sain, ils ne sont qu'encouragés à persévérer sur un sentier qu'ils découvrent peu à peu en ayant à l'esprit l'existence de gens tout à fait leur contraire, et qu'ils doivent être sur leurs gardes quant à leur capacité de nuisance in quantifiable. Ce genre d'individu ressemble à un guerrier qui a suivi une formation et une prédisposition à affronter le mal sous toutes ses formes. Dès son très jeune âge, en effet, il a une idée assez claire pour adopter un comportement idoine. Avec les enfants de son âge au niveau de son voisinage immédiat il sait qu'avec untel ses relations doivent être limitées. Plus tard, à l'école il entretient des relations avec ceux et celles qui partagent ses même idéaux. Et ce comportement accepté sur fond d'une clairvoyance continue son bonhomme de chemin, et à chaque moment un apport nouveau vient renforcer sa propre conviction. Peut-être qu'à un moment de son existence il aura accès à une élévation spirituelle qui fera de lui un citoyen sage de son état.

....

Malheureusement, une rose peut pousser sur un tas de fumier ; un athéisme clamé par les parents ou tuteur et puis un voisinage qui laisse à désirer. Dans ce cas précis, l'individu prédisposé à la pratique de la religion, un être avec un esprit ouvert, voulant se situer dans l'espace et dans le temps, aura d'énormes difficultés à s'adapter à un environnement qui n'est pas le sien ! Facilement il perdra les prémices d'une foi laquelle ressemble à la flamme d'une bougie qui vacille au moindre mouvement dans l'air. Pour conserver cette foi cela demande une personnalité forte qui résiste à toute épreuve. Tel un objet précieux, il la garde cachée au fond de son cœur. Dans ce sens, il apprendra à mentir ; à être ignorant ; mal voyant ; mal entendant. Il fera l'idiot si c'est nécessaire. Et puis au fur et à mesure que le temps passe, nécessairement il aura une vue d'ensemble sur le caractère des gens mécréants. Sans cette connaissance approfondie et surtout jusqu'à où pourrait mener un athéisme qui ne dit pas son nom, allant parfois jusqu'à l'hypocrisie, en quelque sorte, dans cette déperdition, sa foi restera telle une algue flottante à la surface d'une eau stagnante.

………………………… ……………………………… ………………………………

Avoir la foi est ni plus ni moins une culture assez vaste pour pousser les uns et les autres à l'étude de cette existence sur terre. Il y a plus de question à poser que des réponses à fournir. Une personne prend une décision de se ranger afin d'évoluer sur le droit chemin ? Tout de suite, un compte courant de bonnes choses regroupant actes et paroles lui est ouvert. À ce compte il effectue de jour comme de nuit des virements qui vont cumuler. Et puis, un jour, ici-bas, sans attendre un au-delà, il passe d'un état à un autre ; les voies du seigneur sont impénétrables. Sans crier gare, des changements s'opèrent aussi bien physiques que mentaux.

………………………… ……………………………… ………………………………

Culture en matière de foi, vous dites ? Sans l'ombre d'un doute. Le fait de céder la place à ce qui est utile, le beau n'est plus : une taille mannequin ; une couleur de la peau ; un savoir étendu dans tous les domaines, main : un humanisme ; un altruisme ; de la compassion ; une assistance à son prochain.

Celui se réclamant être non croyant, lui aussi, même s'il n'affiche pas clairement ce qu'il a dans son esprit, ses paroles et ses actes le trahissent. L'œil du connaisseur averti verrait un individu : sans cœur, sans pitié aucune, un chasseur de biens terrestres avec un désir ardent de vivre le plus longtemps possible richement ; un individu athée fuit le physique moche.

Un individu athée cède facilement aux plaisirs de quelles natures qu'ils soient. Mais faudrait-il, peut-être, connaitre ce dernier afin d'éclairer le profane, tracer tout un tableau qui brosse : sa vision ; son langage ; ses sentiments ; son idéal etc. et puis il y a aussi : ses relations avec sa famille, son entourage ; son comportement sur le lieu du travail ; se peurs ses angoisses. Un certain Mr. Sahrane qui dit être resté longtemps célibataires et qui passait ses nuits à l'écoute des émissions radios d'ici et d'ailleurs, rapporte des histoires à dormir debout à raconter plus loin.

Chapitre : 07
L'athéisme, un détraquage du cerveau

Avec Mr. Fakir, qui développe une approche en la matière qui sort de l'ordinaire et défie toute autre logique, on entre de plain-pied dans un monde qui existe bel et bien mais qui est méconnu par une large frange de la société. Un individu athée, son cerveau fonctionne-t-il comme un autre dit croyant ? Là est la question. J'avoue, a dit Mr. Sahrane, que cela me bouche un coin. Avec ce dernier Mr. Fakir a eu des entretiens à bâton rompu durant plusieurs jours pour que qu'en fin de compte se faire une idée assez claire sur le comportement d'un vrai athée. La richesse, dans bien des cas, ne fait pas le bonheur et peut être la source de beaucoup de problèmes. On se nourrit à outrance ; on n'a pas de souci à se faire car logé à bonne enseigne ; et la chair se manifeste pour réclamer son dû. On pense agir dans le bon sens en cherchant à évacuer un trop plein d'énergie avec comme toile de fond un plaisir à savourer. Hélas, cette approche est freinée par un cerveau programmé pour adorer son créateur et maitre, et évoluer sur le droit chemin. Chauffé à blanc après quelques aventures, un arrêt brutal est constaté ; la machine ne répond plus aux commandes. A défaut d'observer une pause pour réflexion, et peut-être, une réintégration du droit chemin, il est des uns qui vont aller loin dans la perversion. Mais avant d'arriver à un point de non –retour : on râle ; on raconteses mésaventures un peu partout ; on participe à une émission de nuit pour faire part à un psychologue ce qu'on a sur le cœur.

…………………………………… …………………………… ……………………………

Ce n'est pas un ou deux intervenants que Mr. Sahrane a écouté débiter des histoires à dormir debout. Hommes et femmes, jeunes et vieux, presque séniles, étalent comme dans une vitrine une situation qui prête à équivoque. Ilsvous emmènent loin. Ceux qui vivent la même situation peuvent s'émouvoir, pas Mr. Sahrane, et puis après avoir raclé leur citerne, ils dévoilent leur véritable nature pour dire : je suis un athée. Toutefois, le psychologue qui est un profane en ce qui a trait au religieux, n'est en mesure que de souligner : quela foi n'a rien à voir là -dedans. Il propose une autre approche, en la matière, nepouvant produire aucun effet sur un mal qui l'habite et a fait son bonhomme de chemin.

……………………………… ………………………… ………………

L'horizon d'une personne athée est bouché, cette dernière ne voit pas plus loin que le bout de son nez. Son cerveau, certes, fonctionne selon un programme qui s'inscrit dans un circuit fermé et limité entre deux bornes, à savoir : la naissance et le trépas. Dans ce bref ou long passage, selon le cas, elle ne cherche que

------------------- vivre assez longtemps que possible en faisant appel à des médecins au moindre petit bobo ;

---- accumuler des biens de toute nature ;

----- chercher à être perché sur un quelque chose car jugeant avoir compris etêtre plus malin que les autres.

Le cerveau de l'être humain ressemble à un ordinateur qui propose des solutions à partir de données qui lui sont introduites. On imagine, certes, des possibilités, on imagine des approches allant dans un sens voulu, sorte de rêve à l'état d'éveil. Toutefois, un tas d'éléments, perturbateurs, freignent un tant soit peu, du fait que l'objectif visé, une réussite individuelle, une sorte de main mise sur un ou plusieurs domaines, chose qui se contredit avec les desseins du bon Dieu. Et pourtant des réussites sont observées de temps à autres, qui ont une durée de vie limitée ne dépassant guère les 40 années ; un bien mal acquis c'est comme de l'argent jeté par les fenêtres, il ne peut être légué à des héritiers.

....

Et pourtant des mécréants multiplient des actions qui vont à contre- courant de l'objectif du bon Dieu et s'acharnent à vouloir tout et tout de suite et lorsqu'un malheur arrive à untel, sans foi ni loi, ayant fait un bonhomme de chemin et ayant une certaine notoriété, on parle de telle nation qui a perdu un fleuron de : sa culture ; littérature ; industrie etc. sans faire référence à un comportement caché que seul le bon Dieu détient les clés.

....

L'athéisme détraque, en quelque sorte le cerveau qui ne propose plus : une réussite collective ; qui préserve la dignité de l'être humain. L'individu citoyen de son état, devient un simple pion interchangeable ; malade, ce n'est qu'une machine en panne ; il meurt, plus bon à rien, il est jeté dans une réserve sorte de casse.

Chapitre : 08
Zéro relations avec le bon Dieu

Animal domestique perdu sans collier ; c'est là le qualificatif qui sied le mieux à un être humain sans religion. Une créature prend vie réellement avec une prise de conscience de son existence. Et une existence est susceptible de prendre de l'ampleur, de consistance, avec le développement de ses facultés mentales sinon une tendance à perdre tout raisonnement logique pour ne plus croire en rien ; il entre, dans ce cas précis, dans une sorte de délire à l'état d'éveil, genre de raisonnement de la génération spontanée. Folie, vous dites ? Il pourrait y avoir, en quelque sorte, qui ne dit pas son nom. Destiné à croire, du fait de l'absence d'une vérité tangible, la non relation avec le bon Dieu conduit à adorer n'importe quoi : de l'argent ; le pouvoir ; la beauté ; les plaisirsde tout genre etc. On devient esclave d'une passion quelconque, quelque chose d'éphémère, de chimérique, qui cesse d'exister hors de ce passage sur terre.

…………………………………… …………………………………… …………………………

De temps à autre, un doute nous saisis ; notre âme se manifeste essayant de nous replacer sur le droit chemin ; il y a comme un message qui parvient à la conscience laquelle est affaiblie faute de puiser son énergie par le moyen de sa relation avec le Divin. En sommes, cette créature est condamnée à adorer son seigneur et maitre de gré ou de force. A défaut de cela, ce n'est ni plus ni moins qu'une autodestruction qui débute par un fourvoiement et une recherche d'une stabilité dans un monde en perpétuel mouvement ; un paradis terrestre qui n'existe que dans son imagination et alimenté par les forces du mal, toute une dimension, et ennemi potentiel. Pour lui avoir pris une place qu'il estime être la sienne, qui lui revient de droit et par le fait d'avoir acquis une science qu'il couve en son sein et dont il use et abuse à satiété pour parvenir à ses fins.

………………………………… ………………………………… …………………………………

Mr. Fakir a la certitude que ce qu'il avance comme thèse ne peut être acceptée et comprise que par des initiés. Cependant, il continue à prêcher dans un désert en quête d'une brebis égarée à la recherche d'un chemin du salut de sonâme. Dans l'océan de la vie, un individu perd facilement le nord ; tout ce qui brille n'est pas or ; un plaisir n'est pas forcement de bon augure ; un malaise voire un véritable calvaire, dans bien des cas, cache un accès à une élévation spirituelle pour être gratifié ici-bas et dans un au-delà

………………………………… ………………………………… ……………………………

Zéro relation avec le bon Dieu pose un problème d'identité. L'arbre généalogique ; l'appartenance à une race d'hommes, à une nation, à une tribu ; un nom etc. ne suffisent pas à donner un aperçu, en bonne et due forme, ou peut-être on aura affaire à un animal un peu plus doué comparativement aux autres sur quatre pattes. Cette démarche a mené dans le passé à une anarchie ; un surpeuplement de la surface de la terre. Et à chaque fois çà a été un lessivage par le moyen de catastrophes naturelles : des maladies ; des invasions de sauterelles ; des séismes ; des déluges etc. qui dit, aujourd'hui ; que les cancers ; le sida, et dernièrement la covid 19 ne sont pas le courroux de Dieu ?

Chapitre : 09
Une existence sans épreuves ?

Il est des gens qui estiment que le mauvais sort s'est acharné sur leur personne. Ils vous récitent des histoires à ne pas en finir. A de rares moments ils ont pensé avoir eu un changement dans leur vie tel un rayon de soleil venu réchauffer leur eau froide. Ils passent sous silence des actes accomplis auxquelsils ne donnent aucune importance. Mais voilà qu'une situation faite avec peine qui s'effrite telle une roche sous l'effet de l'érosion ; là aussi ils oublient un tas d'actes qu'ils ont accomplis pour atteindre un but convoité. A de rares moments qu'ils disent avoir voulu réintégrer le droit chemin. Et puis tout d'un coup, une rare occasion pour se défouler est comme tombée du ciel ; ils n'ont pas hésité un seul instant pour déposséder untel de son bien, une proie facile et surtout ignorante d'un bien qui lui revient de droit. un autre, responsable à un niveau donné, estimé comme ami et voisin du quartier a parlé de lui attribuer un bien appartenant à l'état, il n'a pas parlé d'un pourboire mais de frais afin de constituer un dossier, et si on flaire l'existence d'anguille sous roche, on fonce tête baissée sans procéder à une analyse en bonne et due forme ; avec le bon Dieu ils n'ont jamais eu de relation.

....

Il est d'autres gens qui ont connu peu ou pas du tout de problèmes liés à : leur santé ; ils sont logés, nourris et blanchis. Mais on dirait qu'une force supérieure leur ouvre les portes du succès. Parfois, ils se plaisent à raconter avoir toit fait ; gouter à tous les plats. Ces derniers ont une peur bleue de : la maladie, ils ne blairent pas les pauvres gens ; ce n'est là rien qu'un sentiment qu'ils n'ont jamais essayé de l'expliquer. Ces derniers, eux aussi, n'ont aucun enseignementen ce qui concerne la religion. Parmi eux il est aussi ceux qui estiment qu'elle est réservée à de vieilles personnes, à deux doigts de la tombe. Plus tard, peut- être, examineront-ils la question. Et puis à eux aussi il y a comme qui dirait quela machine grince ; le constat d'un passage à vide est fait. Plusieurs réactions sont observées de part et d'autres. On s'enfonce jusqu'aux oreilles dans l'infortune ou bien on ressort la tête après temps. Mais qui oserait dire que tel acte, vil, a été la source de ce brusque revirement ?

....

L'approche faite par Mr. Fakir en ce qui concerne le monde des mécréantsrevoie à l'étude du comportement des humains. Dans ce sens, on est conditionné à subir : les biens faits et les méfaits de la nature qui nous
entoure ; on y oppose bon cœur ou bien on se révolte. Dans ce sens, il exclut le hasard pour soutenir que tout a été programmé d'avance jusqu'à « N » limite pour, parfois, avoir un changement radical, dans les deux sens : le bien ou le mal. Ce sont là des crises qui cachent des épreuves de toute nature pour une élévation spirituelle sinon un avilissement jusqu'à une descente aux enfers. Il est ainsi : des anges sans ails sur terre et à d'autres des incarnations de Satan sans plus. Un ange sur terre représente ce qui est vraiment de vivant : un être doué de raison qui réfléchit et anticipe sur les événements à la lumière d'une science glanée çà et là. Il se trompe de temps à autres ? Il réajuste son tir jusqu'à obtention d'un résultat plus ou moins bon ; remet sa destinée à Dieu, pour quelque chose qui le dépasse en qualité d'être humain.

Un individu athée qui a toujours été comme tel, après temps, ressemble à un automate, même s'il clame une science ; un savoir-faire ; un savoir être, il ne demeure pas moins qu'il obéit à un programme planté dans son cerveau, revu et corrigé par lui-même, par l'introduction de données auxquelles il croit dur comme fer. De ce fait, il lui est difficile de sortir d'un circuit fermé et un engrenage qu'il a conçu de ses propres mains. Pourrait-il se remettre en cause et entreprendre une reprogrammation --- chose qui est très difficile --- qui tient compte de la durée du temps du séjour en milieu des gens athées et le degré de fourvoiement. Malheureusement, une des mauvaises qualités de l'être humain est la recherche de la facilité et le refus de toute aventure. Cependant, celui qui a reçu la grâce divine par le moyen de la foi, sachant ses limites, il se lance à corps perdu pour le salut de son âme.

Chapitre : 10
L'enfer du monde des athées

Une brève excursion dans un milieu de gens athées donne un aperçu global sur la nature de cette existence : un monde où la pitié est exclue, bannie ; proscrite ; paroles et gestes confirment son inexistence. On est avec celui qui se tient debout, sur ses jambes. A peine qu'on voit que ces dernières fléchissent un petit peu, on prend son envol pour rejoindre un autre bon pied bon œil ! Le seul moyen afin de séjourner longtemps sur terre dans un milieu athée est l'exclusion de la confiance et l'observation du doute dans toute entreprise.
Même dans un milieu restreint genre club privé, entre amis, en famille etc. l'intérêt prime sur toute autre considération. Tout le monde est douteux, pas de bonne foi, à surveiller de près, à craindre, et plus encore à éliminer au besoin !

....

Un état islamique ; chrétien ; juif, n'existe pas et ne pourra jeter les bases de ses institutions pour un tas de raisons. Cela a pu se réaliser avec la venue d'un prophète ; un messager, durant un temps relativement court, et une fois cet envoyé est rappelé à Dieu, il y a eu course pour le pouvoir. Celui qui aspire à un pouvoir quelconque, dans 99% des cas il est de mauvaise foi du fait qu'il ait recherche : d'argent ; un soi-disant honneur ; une revanche à prendre sur untel voire un règlement de compte etc. Dans certains pays dits civilisés où la loi est aux dessus de tout le monde ; un certain équilibre est établi, gardé par : des policiers ; gendarmes ; l'armée etc. et pourtant : vols et détournements ; assassinats etc. sont signalés au quotidien. Que dire des pays où le pouvoir incarne Dieu, ne rend de compte à personne ; essaye de justifier une ou des crises économiques ou sociales par les aléas de la nature ? Et à défaut d'un athéisme fort prononcé on parle d'une sociologie, une science qui a vu le jour il n y a pas très longtemps ; elle décrit un mal de société sous toutes ses formes sans pointer du doigt l'inexistence de la foi. Et même si on en fait référence, comme existence elle est qualifiée : pas prépondérante dans une misère à ne pas décrire. Barreaudages aux fenêtres ; chien de garde sur un balcon, sur un immeuble perché, sont témoin d'insécurité même dans des quartiers huppés.

....

Un des grands maux qui affectent une société sans foi serait la mendicité. La prolifération des mendiants à tous les coins des rues atteste on ne peut mieux un marasme économique lié à une perte de foi et la non pratique de la religion. On a affaire à une société malade : de son gouvernement ; de ses citoyens qui ne font pas exception à la règle. Et le bas qui blesse, dans cette entreprise fallacieuse, serait des voix qui s'élèvent d'un peu partout pour quantifier des constantes qui profiteront à toute la nation en essayant de cacher par le moyen d'un tamis un démarrage ou redémarrage imaginaire de l'économie nationale.

....

La pratique de la sorcellerie à grande échelle vient couronner le tout dans un monde où l'athéisme s'érige en force.

....moi, Mr. Fakir, je ne me fait pas des illusions, je pense sincèrement que beaucoup de sociétés vivent au jour d'aujourd'hui la même situation qui a prévalu au temps des pharaons d'Egypte avant la venue du messager de Dieu : Moise (sdl). Cet état de fait n'a pas d'autres explications que : une foi qui a mis les voiles. L'éloignement de Dieu implique inéluctablement relation avec le prince des ténèbres. Toute une science qui vise à anéantir l'être humain par tous les moyens possibles et imaginables. Toutefois, les efforts sont concentréssur l'individu pieux lequel pourrait devenir dangereux à même de tenir tête aux entités du Diable. Cette force à acquérir par l'être humain ne pourrait être possible que par une relation permanente avec le bon Dieu voire un dévouement sans pairs, d'où un rapprochement qui s'opère dans le temps.

....

Conscient de ce travail de longue haleine, le seul moyen de l'arrêter sinon freiner un tant soit peu son évolution, le mal entre en jeu avec le concours de ses adeptes : des humains mécréants et autres du monde parallèle. La sorcellerie utilise des démons à faire passer de leur monde à celui des humains.Les entités du Diable afin d'évoluer dans ce milieu doivent se nourrir d'énergie pure qu'ils puisent directement de l'être humain. En théorie, d'après des savants qui sont versés dans l'étude de ce phénomène insolite : le démon est une âme qui a de grandes ressemblances avec celle qui loge en nous les humains ; il est à même de se coller à elle. Selon la pureté ou la dépravation decette âme, il agit sur elle allant jusqu'à la neutraliser. A un stade déterminé, un individu envouté ressemble à un mort vivant, complètement déconnecté de la réalité qui prévaut dans son environnement immédiat. Avec une vision
trouble ; un bourdonnement des oreilles ; pas de suite dans les idées. Les médecins ne peuvent diagnostiquer son mal. Et après un calvaire plus moins

long il finit par trépasser.

………………………………… ……………………………… ………………………

Une personne envoutée, n'ayant aucune relation avec son créateur, ne peut opposer une résistance quelconque aux forces du mal. Conscients de cette force qui est venue prendre possession de leur corps et affecter leur cerveau, certains individus se rangent et réintègrent le droit chemin. Commence alors une guerre qui pourrait s'étaler dans le temps, selon un degré de foi acquis parla pratique de la religion, du bien de tout genre.

Le recours à des spécialistes devient une nécessité absolue, sans compter qu'on pourrait avoir affaire à des charlatans pour dilapider une fortune pour rien. En dernier lieu, certaines personnes envoutées acceptent d'héberger l'intrus ; ils deviennent des passeurs aux frontières, tout comme celui qui a enfreint et devenu un Diable en chair et en os.

Chapitre : 11
Extrait d'un journal d'un exorciste

Mr. Fakir a eu accès à un journal tenu par un exorciste qui a roulé sa bosse et chassé des Diables de beaucoup de personne envoutés. Le monde des mécréants étale ici sa véritable nature ; un esprit éveillé pourrait en cinq secs se faire une idée assez claire sur le fonctionnement de l'existence sur terre ; il aura à mesurer l'effet exercé par les entités du Diable sur la race humaine. Dans ce sens, le journal en question décrit une sorte de guerre froide, sans nom.

....

Mais on dirait une race qui cherche à anéantir une autre. Mr. Fakir en faisant une synthèse du journal tenu par un exorciste, après temps, a pu avoir une idéequ'il ne pourrait la communiquer à autrui autrement que par la narration du sujet traité, ainsi il dira : ....cela vraiment me bouche un coin, en faisant un constat amer que je qualifie : d'incroyable mais vrai, mais laissons Mr. Raki nous emmener dans son univers à lui, dans ce sens, il dira ------------ exorciste, je ne l'ai pas toujours été ; cela me rappelle une chanson que j'ai écouté dans ma tendre jeunesse « ce n'est pas l'homme qui prend la mer mais c'est la mer qui prend l'homme !». Mon aventure avec la chasse aux démons a été de même. Satan a eu tort de s'attaquer à ma personne et il est responsable de la perte d'un nombre important d'entités infernales dont le seul tort est d'avoir acceptéune mission dangereuse ; et ça été un combat jusqu'à la mort. Mais laissons cela de côté et concentrons-nous sur l'essentiel : une science que je détiens et qui ne souffre d'aucune ambiguïté quant à la chasse aux démons. J'ai commencé par chasser une dizaine qui se sont pointés et sonné à ma porte. Certains n'ont pas séjourné longtemps et d'autres m'ont donné du fil à retordre. En dernier lieu un voile s'est levé sur une existence qui s'est étalée sur un demi –siècle, la mienne, sous l'effet d'une possession qui ne dit pas sonmon. Entre temps, je n'ai pas chôme du tout ; j'ai été, en quelque sorte, une sorte d'allumage d'une mèche de deux bombes qui ont font disparaitre à jamais les deux responsables de mes peines. Par la suite, j'ai fait beaucoup de mal à des sorciers et sorcières qui ont regretté d'avoir voulu nuire à ma personne.

....

Lorsque le bon Dieu veut éliminer un mécréant il le pousse à chercher noise à

un de ses fidèles serviteurs. Comment une personne mécréante voit une autre croyante ? Là est la question. En premier lieu j'ai mis fin à la carrière professionnelle d'un employé qui pouvait aller loin et accéder à un poste supérieur, et comme gage à cela, il devait me détruire ! Mr. Douni était un passeur de démons aux frontières du monde des humains et celui des ténèbres. Oh ! cela n'a pas été facile de le l'identifier comme tel ; cette race degens sont très intelligent et ont des couvertures pour passer inaperçus. Mr.
Douni comme d'ailleurs ses pairs été susceptible d'être agrée auprès du prince des ténèbres, son échec lui a valu une fin de carrière professionnelle, et plus encore s'il avait persisté à vouloir ma destruction.

……………………… ……………………… ……………………………………

Des individus comme Mr. Douni j'en ai connu un tas par la suite à cette aventure la première en son genre. Il y avait une jeune fille qui est venue dans le même service où je bossais, et c'est elle qui m'a ouvert les yeux sur cette pratique de passeurs aux frontières. De bon matin, en effet, alors que je mettais un pied dans l'entreprise je l'ai aperçu marchant de l'autre côté de la voie que j'ai empruntée pour rejoindre le service, et voilà qu'à peine j'ai cligné les paupières que je la voie derrière moi m'emboitant le pas. Et j'ai commencé à serrer à gauche afin de lui céder le passage et la laisser me dépasser. Mais non, il en a fait de même. Parvenue à la limite de la voie pour raser une clôture,je me suis arrêté carrément ; elle ne pouvait s'arrêter, elle aussi, elle a préféré continuer son chemin. Ce soir-là j'étais seul à la maison, j'ai trouvé une rare occasion pour soliloquer et répéter comme un fou-- est-ce cela possible ? Et j'ai mis un pied dans le monde des mécréants, ceux et celles parvenus au plus haut niveau de la pratique du mal : l'adoration du prince des ténèbres, Satan.

Chapitre : 12
Journal d'un exorciste.... Suite

Il est des gens qui ont vu le jour aux frontières séparant leur état d'un autre. Qu'ils s'adonnent à la pratique de la contrebande vu leur position, cela est de plus naturel car entretenant des relations très étroites avec les services de douanes de part et d'autre. Des étrangers viennent investir en ces lieux, ils louent ou achètent des hangars un peu en retrait des habitations, en rase campagne, qui leur servent d'entrepôts à de la marchandise ou bien un abri pour les humains à faire passer de l'autre côté ou les recueillir. Ce n'est là qu'un trafic illégal et ceux qui le pratiquent sont des gens hors du commun.
Autre qu'ils ont les moyens pour exercer ce métier, ils se sont fait une mentalité qui ne court pas les rues. A coup sûr ils ne sont pas en bons termes avec la politique du gouvernement mais préfèrent se remplir les poches que de lui déclarer la guerre, au risque de moisir dans les geôles de l'état. Un passeur aux frontières d'entités démoniaques, lui est un mécréant, un athée actif, et plus encore un adorateur de Satan. Ce dernier recueille en son sein un ou plusieurs démons pouvant y séjourner longtemps jusqu'à une installation, en quelque sorte, chez un autre par le moyen d'un sort à mettre à
exécution émanant d'une personne méchante, peut –être, plus vils que lui pour avoir acquis un pouvoir à même de nuire à autrui, et les raisons sont diverses ; toujours est-il qu'elle aussi est au service de Satan.

....

Un passeur aux frontières du monde parallèle est souvent à l'abri du besoin : bien logé ; bien nourri ; possédant une voiture de luxe. Bien que parfois, exerçant un métier, là où il a un contact avec le public, ce n'est là qu'une couverture afin de passer inaperçu et faire son travail dans les règles de l'art. Dans cette entreprise fallacieuse, les moyens utilisés par ces passeurs aux frontières, bien que variés, dans le fond ils se ressemblent et ont beaucoup de points communs. Moi, Mr. Raki, en connaissance de causes, je les série commesuit des gens qui vous invitent à prendre un café ;

----- à partager un repas avec eux ;

------ à terminer une boisson entamée ;

------ qui distribuent des bonbons etc.
Plus grave encore ils vous offrent ----- un cadeau, un objet de grande valeur afin de seller une amitié etc.

....

Sorciers et passeurs aux frontières forment un réseau tissé en toile d'araignée ; ordre leur est donné de nuire à untel, ils exécutent à la lettre sans pitié aucune en utilisant les moyens précités. A un degré extrême où certains individus mécréants, actifs, sont à deux doigts de la tombe, un démon vient s'installer en leur sein pour toujours, il ne restera de leur personne qu'un mort vivant, une sorte de vampire qui roupille toute la journée pour errer toute la nuit et roder autour des maisons de leur voisinage ; arrivés à ce stade ultime de mort vivant il y a entretien de ce démon, qui hante les lieux, par le moyen d'une énergie à puiser d'untel dusse être un proche parent, un voisin etc. Tous les moyens sont bons pour créer une querelle, artificielle, pour introduire ce démon en une personne, la plupart du temps, un fidèle serviteur du bon Dieu qui refuse de rendre service ; refuse un bien convoité ; de verser dans le pot du mort vivant qui devient tout d'un coup méchant à ne pas décrire et envoie son démon remplir ses batteries.

....

Et il arrive à un passeur aux frontières, un mort vivant, de faire un mauvais choix, quant à l'approvisionnement en énergie de son démon qui le hante, et tomber sur quelqu'un, homme ou femme, averti, fidèle serviteur du bon Dieu, un exorciste même. À court, moyen et long terme, il y a échec et ce passeur, mort vivant, payera de sa peau. Dans bien des cas, ce n'est là qu'un châtiment divin qui vient mettre fin à un individu dépravé sans possibilité aucune de se repentir.

Chapitre : 13
Journal d'un exorciste... suite

Moi, Mr. Fakir, je reviens de loin après la lecture du journal d'un exorciste au nom de Mr. Raki. Ce dernier, en guise de conclusion de son journal, a parlé de quelque chose de vraiment incroyable à raconter sans avoir averti au préalable son interlocuteur en lui disant ------prenez ce que je vais vous dire comme une blague sinon vous allez me prendre pour un fou, sinon vous deviendrez sceptique, et avoir des doutes sur tous ceux et celles que vous côtoyez. Que direz- vous de quelqu'un :

-----qui s'assoit sur une place encore chaude laissée par vous, ou bien vous invite à vous assoir sur un banc qu'il quitte ?
----- dans la rue, il vous emboite le pas pour faire un bout de chemin ; il s'efface à l'entrée d'un lieu et vous cède le passage ?

---- qui se fait passer pour un homosexuel, bien habillé, plein aux as, avec une voiture de luxe qui vous embarque sans se faire prier, et tout d'un coup il lance sa main vers votre sexe ?

Sauf votre respect, il y a pire encore.

....

Il y a toute une science, diabolique, qui vise surtout les fidèles serviteurs du bon Dieu en généralement et particulièrement des individus prédisposés à une élévation spirituelle, assure Mr. Raki qui se qualifie de guerrier du bon Dieu, au service des gens ignorants victimes de cette pratique qu'est la sorcellerie. Dans ce sens, il y a risque de : cancer ; claustrophobie ; mort etc. et si après tout cela il n y a ni bon Dieu ni Satan ; ni enfer ni paradis, il n'est plus utile de couvrir sa nudité et soutenir être un humain.

....

Pour avoir une idée quelconque sur le monde des mécréants, il faudrait, peut-être, avoir eu affaire à un vrai athée. Mr. Raki, dans son journal de l'exorciste, rajoute quelque chose comme une étude faite par ses soins dans l'exercice de sa fonction à laquelle il s'est consacré corps et âme et il cite une prophétie faitepar le dernier des messagers de Dieu qui a demandé à l'ange Gabriel : ----
revenez-vous sur terre après ma mort ?

Et à l'autre de répondre ----- trois fois, pour ôter la Baraka(une grâce divine dont jouissent les fidèles serviteurs) ; l'amour propre relatif à la honte ; la religion….

---- mais pourquoi donc, S'interroge le messager, reprenez-vous la religion ?

---- tout comme je l'ai fait descendre sur terre, il est impératif de faire un retour à l'envoyeur… pour sans inutilité.

Chapitre : 14
Un monde à l'envers L'univers des gens athées est un monde à l'envers, tout est sens dessus

Au lieu et place d'une logique, mathématiques, on note son absence quasi totale pour que l'existence revêt le caractère d'une errance, et puis il y a un langage, tenu par ceux et celles qui le peuplent, ambigu, une sorte de délire.Et au fur et à mesure qu'on s'y enfonce, comme dans une jungle en folie, le cerveau libre, et libéré de toute contrainte liée à des lois, développe une vision utopique. Un individu dit athée imagine tout sauf la réalité, du fait que lui ne veut se conformer à aucune loi. Ainsi le cerveau se trouve détraqué car n'obéissant plus à un programme inscrit en son sein, du moins les grandes lignes, à parfaire bien sûr par le moyen d'une conduite sur le sentier du bon Dieu, la pratique du bien sous toutes ses formes, et se laisse aller à une rêverie.Au sein de l'univers des athées on nie l'existence d'un au-delà, cela implique une existence sur terre, sans fondement, où le hasard joue un rôle prépondérant.

....

Il faudrait écouter un individu débiter ce qu'il a sur le cœur pour avoir une idée sur le fonctionnement de son cerveau, détraqué. A défaut d'un bon sens, que tout le monde reconnait comme tel, le non- sens s'érige en force. A titre d'exemple, certains films de fictions font état de cette réalité avérée. D'après ses dires, un individu athée est quelqu'un qui :

----- n'a pas de chance ;

---- qui mérite mieux ;

----qui n'est pas à la place, qui lui revient de droit !

---- victime du mauvais sort ; d'un sortilège etc.

Dans ce sens, il chante un paradis perdu, lorsqu'il est logé au plus bas étage. Il pense être intelligent ou bien en sollicitant les services d'un tiers et passer à une vitesse supérieure, il s'enlise dans un athéisme plus profond encore ; désormais, rien ne freine ses ambitions démesurées.

....

Le bon Dieu, qui tient en laisse les gens athées, parfois leur donne du mou à tel point que certains d'entre eux font du chemin, arrivent à avoir des postes de responsabilité au sein des administrations ; acquièrent des biens de tout genre. Mais voilà qu'un verdict divin s'abat tel un couperet sur la tête d'untel qui n'aura plus la possibilité de revoir et corriger un programme défectueux.

Devenu athée, ou bien on l'a toujours été, revient à contester les lois de la création divine. Dans ce contexte, la non conformation à ses lois équivaut à se réclamer Dieu lui-même, d'après les saintes écritures. Et cela se vérifie chaque jour par le comportement des uns et des autres.

Chapitre : 15
L'athéisme est passé par là…

Mais on dirait une catastrophe naturelle ; un passage d'un typhon, d'un ouragan, une pandémie, qui a décimé la population de toute une région, anéanti une race d'hommes en un lieu donné. A un degré moindre, moi, Mr. Fakir j'ai eu à connaitre des foyers brisés ; de grandes familles éparpillées etc. œuvre d'une seule personne mécréante qui se faisait passer pour un membre intègre, considéré comme sage par une pratique d'une religion étalée comme dans une vitrine ; un autre, père de famille qui a retourné la veste juste après une entrée substantielle d'argent, un changement de son comportement s'est opéré par étapes successives jusqu'au stade d'un' métamorphose complète pour ne plus être reconnu par les membres de sa famille, de son entourage ; luiest passé d'un état à un autre, pour peu qu'il dise avoir évoluer dans l'erreur jusqu'à un passé récent ! Tous les organes de son corps se sont réveillés et il a ouvert les yeux pour dire ------------------------ on ne vit qu'une seule fois, donc il faudrait en profiter au maximum.

Et puis un changement de situation avec un balayage de la foi entraine nécessairement un changement :

---- du lieu de résidence pour habiter un quartier de gens huppés sans tenir compte de l'absence de la religion, de la morale en ces lieux- là ;

----- un remariage sans le consentement de la première épouse ;

---- on picole, on se shoote etc.

…………………………………… ……………………………….. ………………………

Là où l'athéisme est passé, le mal a élu domicile. Une histoire a été rapportée à Mr. Raki par un écrivain public qui exerçait son métier en plein air devant un bureau de poste, un certain Mr. Hmida. Ce dernier fait état d'une situation catastrophique. Un nombre impressionnant de dérangés mentaux sont là, dit-il : qui faisant les cents pas d'un bout à l'autre de la ruelle ; un autre qui compte les carreaux du pavé ; un autre aussi qui scrute le ciel, muet comme une carpe ; un autre neuro psychologue en longue maladie qui se fait voler par son frère qui vient tous les fins du mois toucher la pension puis délaissant son frère fou, livré à lui-même ; un jeune homme en maillot de corps, torse nu en plein hiver lequel, en moment de crise, insulte tout le monde et lance des obscénités.

Tous ceux précités trainent dans leur sillage une histoire qui indique, on ne peut plus clair, un manque de foi flagrant et une absence totale de relation avec le bon Dieu. Parmi eux, il y a ceux ayant enfreint une des lois qui régissent ce passage sur terre ; d'autres sont victimes d'un membre de leur famille qui pactise avec Satan.

……………………… ………………………… …………………………

Une jeune femme, comme tombée du ciel, raconte Mr. Hmida, est venue s'installer sur les marches d'escaliers du bureau de poste, à même le sol sur un carton d'emballage, et a tendu la main en quête d'une aumône, elle a exhibé des ordonnances médicales. Accompagnée d'une petite fille d'à peine cinq années, elle prétendait lui faire subir une intervention chirurgicale. Quelque jours après, une personne est venue retirer de l'argent de son livret d'épargne, elle n'a pas manqué de lui refiler une somme satisfaisante afin de soigner sa petite fille. Toute heureuse, la mendiante a plié bagages et a dit ------ je vais voir le médecin du moment que la somme d'argent y est. Mr. Hmida crut voir la fin du va et vient de la mendiante. Hélas, non. Devant cet argent tombé du ciel, l'apprentie mendiante a pensé faire carrière dans ce métier vieux comme le monde. Plusieurs fois de suite elle est revenue avec espoir de tombers sur une autre personne qui jette son argent par les fenêtres ; qui sait ce qu'elle a dans sa tête ? Sans succès aucun, elle est repartie une bonne fois pour toute.

………………………… ………………………………… ……………………………

Lorsque la raison ne trouve pas de difficulté elle s'affole ; ça pourrait être là un commencement ou un embarquement pour une aventure qui mène vers un enfer dans un au-delà.

Chapitre : 16
À la recherche d'une science perdue

L'être humain a été créé par le bon Dieu, presque comme un produit manufacturé, avec une fiche technique et une notice d'entretien. Le premier homme Adam le père de l'humanité, dans son paradis n'avait aucun problème, son organisme était réglé telles les aiguilles d'une montre. Et il a enfreint une des lois de la création divine ; cela lui a valu d'être chassé du paradis et sa descente sur terre pour un éventuel rachat. Il y a des siècles de cela ; des races d'hommes se sont succédé ; des peuples et des nations entières sont partis pour un aller simple. Le passage par toutes les étapes de la vie à savoir : enfance ; jeunesse ; âge adulte puis vieillesse avec un statut de simple individu.On devient père ou mère de famille ; grand père ou grand-mère, cela témoigne l'existence d'épreuves à même de changer de situation : une élévation spirituelle, par exemple, ou un avilissement

………………………… ……………………………… ………………………………

Certes, tout un chacun vient au monde avec des prédispositions, entre autres, pour avoir de la foi ou son contraire. L'environnement joue ici un rôle prépondérant. Mais il y a surtout un travail de longue haleine qui sert à aiguise un outil à l'état brut ou le rendre inutilisable ; et le mal est là, toujours présent, guettant le moindre faux pas pour plonger, sans crier gare, et inoculer un poison qui va directement au cerveau prendre possession des cinq sens. Ainsi : on voit et on entend ; on goutte ; on hume et on touche, mais le message n'arrive pas à la conscience ; le seul moyen d'ôter cet handicape serait la délivrance de ce mal qui loge au sein de tout un chacun et qui ne craint que le seigneur des cieux et de la terre. Peu sont ceux et celles qui ont la foi, la vraie, ilsuffit de prononcer un des noms du seigneur pour que le mal prend des ails.

……………………………. ……………………………… …………………………

Mais il est certains individus qui ne peuvent opposer aucune résistance à ce mal par le fait d'avoir bafoué une des lois qui régissent cet univers qui nous entoure ; plus le pêcher est grand et plus le mal prend de l'ampleur et prend possession du centre de prise de décisions. A un degré ultime, il fait du mécréant un esclave qu'il tire par l'oreille. Pire encore, ce dernier s'ingénie à propager son ignorance. Installé à bonne enseigne, il essaye de ridiculiser ceuxet celles qui œuvrent sur le sentier du bon Dieu : ils sont fous à lier, qu'il dise, on ne vit qu'une fois, il faut en profiter au maximum...

....

La science, la vraie, fait état de cet être humain, chétif : un ange sur terre ; son contraire, une science diabolique qui asservit ce dernier au point de faire de lui un passeur d'entités du mal aux frontières du monde parallèle. Tel un bouquin qui a eu un énorme succès, tiré à des milliers d'exemplaires, stockes épuisés et réédité à plusieurs reprises puis disparu durant longtemps des étalages de vente, parfois pour des siècles ; et le voilà qui refait surface au moment où il y acomme une pourriture sur terre en un lieu donné ; lors du dernier tirage ce bouquin renforçant les tables de sagesse divine a fait comme un voyage aux quatre coins du globe et traduit dans tous les parlers de l'humanité. Le bon Dieu est le plus grand, certes, toutefois, le mal, lui aussi, ne manque pas de vigueur ; ce dernier a la particularité de ne pas être exigent, sauf cas extrême : laisse toi aller, qu'il susurre à l'oreille. Le but est l'éloignement du créateur ; plus cet éloignement est significatif et plus les chances d'une opposition au malest fragile. Le bon Dieu dans son immense sagesse veut donner un but à cette créature, l'être humaine pivot de sa création, par le fait d'être doté d'un cerveau et la liberté d'action, le libre choix d'améliorer son sort par l'acquisition d'une science contenue dans les saintes écritures ou bien se payerun paradis sur terre, pour certains, en quelque sorte, en se laissant aller à la dérive ; et il est ainsi toute une science diabolique que certains diables en chairet en os utilisent afin de rallier à leur cause un tas d'individus mal préparés à cepassage sur terre et surtout ne lui attribuant aucun sens.

....

Dans tous les cas de figure il y a un travail psychologique ; une arme à double tranchants ou bien une mise en pratique d'une science à l'envers. Cet état de fait se vérifie par la présence d'une dualité dans toute chose. Que se passe-t-il, en effet, lorsque ----- le haut devient le bas ?

----- la droite sera la gauche ?

------ le bon est le mauvais et vice versa ?

Et on pourra s'étaler encore longtemps pour englober tout ce qui bouge et remue dans un sens ou un autre. Dans le monde des mécréants, et surtout au sein des sociétés du tiers monde, sous des régimes dictatoriaux, l'œil du citoyen averti, et plus particulièrement un spécialiste en la matière, verrait uneéchelle de valeur renversée ; le mérite n'est pas attribué nécessairement à la qualité du travail fourni mais un untel œuvrant pour le maintien au pouvoir d'un suppôt du mal en quelque sorte, à quel niveau qu'il soit.

....

De la science contenue dans les saintes écritures il ne reste que l'écorce ; le zeste d'un agrume débarrassé de son pulpe, et cet écorce est loué, chanté même dans les maisons de Dieu ; dans la rue, par des faux jetons ; dans les centres de prise de décisions. A les écouter entretenir un discours genre languede bois, on croise les bras et on attend une grâce divine.

Chapitre : 17
L'athéisme...un travail de longue haleine

Un individu vraiment athée, ressemble à une vermine qui ronge la société ; un parasite partisan du moindre effort qui évolue en marge de la communauté. Il vit au présent et le futur s'efface, et comme crédo il a laissez -moi vivre aujourd'hui et tuez -moi demain...

Au sujet de la mort et de rendre des comptes dans un au-delà, il dira :

---- personne n'est revenu de là-bas !
Et pourtant à de rares moments, en bute à une situation qui le dépasse, involontairement, il s'écrit : oh, mon Dieu !

....

Le mal n'a pas les coudés franches et ses partisans savent très bien que leur influence est fort limitée. Néanmoins, ils se contentent de semer la zizanie. Les gens ignorants, non avertis, dans le feu de l'action de quelque chose qui leur arrive, ne savent plus où donner de la tête ; ils perdent facilement pied.
Habitués à une logique dite mathématiques qui se veut que : 1+1 = 2, ils sont comme basculés dans un autre univers avec une autre logique qui cherche par le biais de ses partisans à : démoraliser ; déboussoler ; rendre fou ; anéantir psychologiquement et physiquement un individu sans relation avec le créateur et maitre des cieux et de la terre.

....

Là où le mal passe, là où il élit domicile, il n'est que nuisible, il loge au sein d'une personne, et telle une maladie contagieuse il passe à une autre saine ; il peut être circonscrit : dans une nation ; dans une ville ; dans un quartier. Le maldétruit ; déstabilise, désunit ; sème la pagaille. Il symbolise le sous- développement, l'ignorance et incarne tous les maux que puissent avoir les sociétés humaines. Ne s'appuyant sur aucune logique à même de tenir au moins un bout de chemin, il cherche à geler toute activité intellectuelle. Au niveau des pays sous-développés, le mal s'incarne en la personne des chefs de gouvernements qui se prennent pour Dieu. Un responsable mécréant, à quel niveau qu'il soit, là où il passe on ne manque qu'ouïr le froissement des ails desentités infernales.

....

L'évolution sur terre, en ce qui concerne l'être humain, est parfois une véritable aventure. La méconnaissance de la religion, et son effet sur le comportement des uns et des autres, fait qu'on ne sait par quel bout la commencer. On n'appartient ni à ceux-ci ni à ceux-là, et pour faire un choix et opter et croire en un Dieu unique et miséricordieux c'est là ce qu'il y a de plus difficiles ; tout avoir et tout de suite tente plus d'un en opposition à une attente susceptible de s'étaler dans le temps voire incertaine. Et puis ne croireque ce qu'on voit devant ses yeux et entend de ses oreilles, toucher de ses mains, déroute plus d'un. Il est un atout majeur, une carte gagnante, que détiennent les forces des ténèbres : c'est l'inexistence de contraintes liées à une purification et l'accomplicement des pierres au quotidien, encore plus : une liberté totale à condition de : ----- ne pas ouvrir son cœur à quiconque et observer le motus et bouche cousue ; la politique du sourd muet et aveugle estde mise dans cette entreprise fallacieuse. Les : il n'est pas interdit de voler maisd'être pris la main dans la poche de quelqu'un, est le crédo des mécréants.

....

L'athéisme, à différents niveaux, reste un long chemin à emprunter une fois l'avoir choisi pour évoluer entre deux bornes, la naissance et le trépas. Au fur et à mesure qu'on avance on développe de nouvelles techniques à même de nous mener au port de nos espérances. Des individus athées peuvent faire longfeu ; au besoin ils se font passer pour des idiots ; en aucun cas ils ne donnent leur avis sur quelque chose aussi futile soit -t-il ; ils mentent comme ils respirent ; trahissent ; saisissent des occasions au vol ; font tout afin de sauver leur peau.

Chapitre : 18
Je serai tout seul dans ma tombe

....mon cas ressemble à celui d'une personne qui s'est évadée de sa cellule, par miracle. On pourrait parler dans ce sens d'une catastrophe naturelle ayant détruit un centre de détention ; une guerre civile qui fait que le pays mis à feu et à sang, les autorités n'accordent plus une attention aux détenus, croupissant dans les geôles, parfois innocents –mêmes. Moi ; Mr. Harbane, j'ai mis un temps fou pour réaliser dans quel pétrin j'étais embourbé jusqu'au cou. Ce queje note avec amertume est le fait d'absence de réactions, alors que tout autourde moi était sens dessus dessous ! je voyais ceux et celles évoluant dans mon environnement, des membres de la famille, des voisins, me souriant, alors que le cours de ma vie a fait un arrêt brusque et je me suis rangé d'un côté de la chaussée.

Lorsque quelque chose que je n'arrive pas à définir s'est produit dans ma tête, j'ai entrepris des recherches pour aller végéter ailleurs. Une personne qui a voyagé avec moi sur un long trajet n'a pas manqué de faire une réflexion quant à ma chienne de vie.

....

Il fallait que je débarrasse le plancher ; mais avec quoi ? Un simple salaire dans une entreprise nationale, autant dire bénéficier d'une soupe populaire toutefois, le bon Dieu qui est omniprésent, du haut de son trône dans les cieux est intervenu cela a pris un temps fou, une préparation psychologique afin de quitter un milieu urbain vers un autre milieu rural. Mes deux enfants, un garçon et une fille étaient encore gosses ils n'avaient pas à s'y opposer ; ma femme m'a beaucoup aidé du fait qu'elle aussi subissait les mêmes méfaits d'un monde des mécréants. Plus tard, beaucoup plus tard, j'ai su que pour pouvoir leur résister il fallait être plus méchant qu'eux, un monstre en quelquesorte. Hélas, ma raison de vivre, une réintégration du droit chemin, m'astreignait à me conformer aux préceptes de la religion.

....

Et je suis passé d'un monde à un autre, je suis presque revenu à mon village d'origine, là où j'ai vu le jour ; j'ai réappris un dialecte local que j'avais presque perdu à jamais. Là où j'évolue actuellement, certes, il y des gens méchants à ne pas décrire ; toutefois, un homme averti en vaut deux, et le monde des croyants, quoi que parfois il s'entrechoque avec celui des athées, cela ne fait qu'enrichir ma culture qui se veut que j'ai toujours un pied sur l'accélérateur etun autre sur la pédale de frein. Je feigne, d'observe un silence religieux à l'encontre des fauteurs de troubles, de loin je devine leur démarche particulière ; leur langage ordurier ; leurs yeux qui roulent dans leurs orbites ; leurs oreilles qui se cassent au moindre bruit etc.

………………………… ……………………………… ……………………………………

Le monde des gens athées et tout un univers, sans Dieu. Toutefois, les idoles ne manquent pas. On fait comme revenir à la nuit des temps sinon au moyen âge. Le Dieu argent ; le Dieu pouvoir, qu'incarne une personne, des deux sexes ; Dieu phallus qui promène des femmes presque nues. Les derniers jours sur terre, les gens pieux deviennent rares : une race à part avec un langage propre à eux, sorte de jargon ; une culture qui les différencie des autres, ceux dits athées. Fous de Dieu ? Un fou qui a peur du courroux du seigneur des cieux et da la terre en ayant pris conscience de sa condition de créature chétive, limitéedans l'espace et dans le temps. Venue avec zéro informations au niveau du cerveau, avant de réintégrer le droit chemin, il a peut-être erré longtemps, il a eu à découdre avec des personnes méchantes qui lui ont faire voire les étoiles en plein jour, son retour sur le sentier du bon Dieu ne s'est pas fait sans heurt, avec les membres de son milieu naturel, en un laps de temps aussi court il est devenu suspect d'un crime imaginaire créé de toute pièce.

Chapitre : 19
Cette voix intérieure qui me parle

Moi, Mr. Fakir, j'ai cru un premier temps de devenir fou. Je ne sais pas exactement quand est-ce que cela a commencé, après avoir réintégré le droit chemin. Mais avant cela c'était : silence radio, et je vois aujourd'hui un tas de gens, tout âge confondu, agir tel un automate téléguidé ! un collègue de travail à qui j'ai eu recours à ses services en qualité d'exorciste débutant, néanmoins ayant quelques bagages dans ce domaine, m'a spécifié que la plupart d'entre eux ne savent pas ce qu'ils font par le fait d'être éloigné du bon Dieu. Et puis de jour comme de nuit avant de m'endormir je voyais des images telles des flashs qui passaient devant mes yeux ; la pratique de la religion a fait son bonhomme de chemin dans mon cerveau lequel s'il ne s'est pas développé a amélioré son mode de gestion, je crois ferment que j'ai évacué de mon esprit les choses futiles pour me consacrer à l'essentiel. Le mal de quelle nature qu'il soit n'a plus une emprise totale sur mon cerveau. il m'arrive, en effet, de faire de grosses erreurs, mais après temps je réalise mon fourvoiement et je réajuste le tir. Voix intérieure qui émane de mon âme ou simple idée qui traverse mon esprit, je l'exploite à bon escient. Mais on dirait que mon cerveau a fait commeinstallé un poste de douanes afin de trier les idées, la bonne graine de l'ivraie.

…………………………… ……………………………… …………………………

Ouvert sur l'extérieur, avant cela j'entretenais un dialogue intérieur pour faire le point avec ma personne sur ce qui évolue dans mon environnement. Est-ce une élévation spirituelle ? J'ai appris par ouïe dire que beaucoup de gens pieux me ressemblent. Mais depuis un bon bout de temps le constat que j'ai fait est : que des gens que je croyais être très intelligents, a pris un coup sérieux. A titre d'exemple, un membre de ma famille, qui excelle dans la tchatche, s'est tout d'un coup enfermé dans le temple du silence ! Un jour, alors que j'étais en train de lire le livre de Dieu, à haute voix, lui a voulu déformer les paroles qui sortaient de ma bouche. Nous avons eu un long entretien, j'ai voulu lui faire changer d'avis, au moins de se tenir à carreau et cesser d'avoir une mauvaise pensée envers la religion---------------mais, d'où tu tiens cette science ? Qu'il m' dit.

Plusieurs années plus tard, j'ai sollicité ses services pour écrire mes mémoires ; bien que ne sachant pas aligner des mots afin de former une phrase, j'ai été ébahi de découvrir un individu lequel, dans un passé récent, parlait d'une érudition qu'il détenait. Son cerveau, mis longtemps sur voie de garage, a céderle pas à une course derrière le jupon des femmes. Extraverti, qu'il est devenu, iln'avait plus le temps ni le loisir, encore moins d'énergie, pour faire travailler ses méninges. Beaucoup de gens, en effet, pensent avoir atteint le top niveau des connaissances. Ce qu'ils ignorent c'est le fait que Satan détournent leur attention de la science réelle, celle qui a une relation avec la création du l'univers et le but de ce passage sur terre ; leur âme n'a plus le dessus sur unmal qui la submerge de sons divers et d'images excitantes pour accorder un quelconque intérêt en ce qui concerne leur passage de vie à trépas.

…………………………………… ……………………………………………… ………………………

Imaginez un individu entretenant une vie de routine celle de se lever le matin pour rejoindre un poste de travail ; à midi il se restaure ; le soir il rentre au bercail, il dine et s'accouple comme une bête avec sa partenaire, des enfants il peut en avoir à l'infini ; il regarde la télé ou suit des émissions à la radio ; il lit les journaux etc. tout ça sans avoir la faculté de procéder à une analyse. A un degré de fourvoiement il est des gens qui ont peur de connaitre certaines vérités ; ignorance, dans ce sens, veut dire : persévérer dans la quête de tous les plaisirs possibles et imaginables.

L'âme d'un individu mécréant ne se manifeste pas ; point de dialogue intérieur ; il ressemble à un mort vivant qui traine ses savates sans but précis.
La dépravation conduit, parfois, à ne plus avoir de volonté pour accomplir un quelque chose, et on tend la main en quête d'une aumône. Devant la facilité et l'argent que rapporte cette tromperie de gens non avertis, les uns déclarent que s'ils avaient su ils n'auraient jamais planté un clou dans une planche ; la mendicité devient du coup un métier stable et d'avenir. Hélas, il y a toujours le revers de la médaille ; un bien mal acquis ne profite jamais ; un tas de mendiants deviennent des fous à lier.

Chapitre : 20
À la recherche d'un paradis perdu

Il se passe comme si le père de l'humanité en chutant sur terre a gardé dans son esprit l'image d'un paradis dans lequel il a vu le jour. Cette image est transmise à ses descendants à travers les générations. La recherche du bon Dieu dans toute entreprise ; la réintégration du droit chemin ; l'observation dela patience etc. si cela ne remplace pas ce paradis perdu, il génère au moins unespoir toujours renouvelable d'être gratifié dans un au-delà. Le contraire du comportement précité n'est qu'une damnation en bonne et due forme ; la terre, qui a servi à la création de l'être humain, se révolte et prend le dessus sur l'âme. Damnation, vous dites ? J'ai besoin d'être éclairé, écrit Mr. Fakir, on n'est jamais très savant sur ce sujet ; parfois une personne analphabète recèle des informations très utiles, et un érudit se caractérise par une pauvretéflagrante !

....

Plusieurs siècles après l'envoi du dernier messager de Dieu (s.d.l), un héritier de la science, que véhicule le livre saint, a parlé en ces termes dans un bouquin : qu'on arrive difficilement à dénicher dans des bibliothèques dans dessous- sol sur des rayons poussiéreux.

....je n'ai pas acquis cette science gratuitement.il a fallu pour cela entreprendre de longs voyages qui m'ont mené aux quatre coins du globe ; j'ai marché à pied, traversé de vastes déserts ; j'ai dormi à la belle étoile, et comme oreiller une grosse pierre sous ma tête ; j'ai connu la faim, j'ai connu la soif ; c'étais- là le prix à payer, une sorte de passeport à présenter aux postes de douanes de connaissances. Dans un paradis de gens sans foi ni loi j'ai connu un enfer.

....

....au jour d'aujourd'hui, continue Mr. Fakir, il n y a qu'écouter les gens, tout âge et sexe confondus, qui brossent un tableau sur lequel on reluque de loin une vie à avoir ou à conserver indéfiniment. On fait des études très poussées ou bien on est partisan du moindre effort, on ne cherche qu'à devenir rentier. Des maisons de Dieu pullulent, certes, mais on n'a plus une foi forte à même derésister aux tentations. Le méchant, à tous les niveaux de la société, trouve soncompte ; un rat d'égouts ou un pharaon qui élimine tout opposant.

Chapitre : 21
L'athéisme à vérifier sur le terrain

Moi, Mr. Fakir, je persiste et je signe que les sociétés de l'an 20... comptent plus de gens athées que ceux ayant un brin de religion. Mais qui fait ce constat ; amer

----------- celui qui cours derrière un bout de pain qui lui file entre les mains ?

---- celui qui a vu le jour dans un environnement où le nom du bon Dieu n'est jamais évoqué ?

Télé et radio diffusent, entre autres, des émissions qui traient de la religion, un langage ambigu qui ne tient pas compte de ce qui évolue sur le terrain ; on passe des chansons, des films, contrairement à une chanson ou un film qui les a précède ! Certains, soi-disant, artistes, sans foi ni loi, qui jouent avec les sentiments d'autres jeunes hommes et femmes, en perte de repères. Que dire, en effet, de :

----- deux cœurs accrochés dans l'étalage d'un boucher !?;

----- quelqu'un déclarant, toute honte bue, avoir eu des relations sexuelles dans une baraque délabrée !?

....

Un artiste de renom qui a excellé dans le folklore, un spécialiste de la rime avec flute et tambour, en exhibant des vêtements ancestraux, a fait ravage durant plusieurs décennies, sa spécialiste est de peindre avec des mots, des jeunes filles. On a parlé de lui que de temps à autres. Il a séjourné dans un asile psychiatrique. Et un vent a soufflé sur le pays, amplifié par un courant d'extrémités religieux ; cela a été une sortie honorable pour lui qui n'a plus acquéreur pour ses cassettes audio ; et il s'est tu tout bêtement. Au jour d'aujourd'hui « tailleur junior » comme ça qu'il s'appelle, à bien écouter ses lamentations, traitant toujours un même sujet : l'amour sauvage, sans retenue aucune, impossible d'écouter en famille, qui a été en exile et chanté pour les exilés, le voilà qu'il change de registre. Là-bas en pays étranger le bon Dieu n'est pas adoré, par contre lui, l'exilé, il découvre une foi qui résiste à toutes épreuves ; il dit avoir hâte de rentrer au pays ; qu'il a peur de mourir et être inhumé là-bas sans que sa vieille de mère ne le voit pour une dernière fois !
Quel mensonge et quelle comédie qu'il joue cherchant à toucher la fibre sensible de gens contraints de s'exiler pour cause de mal vie dans leur pays !

……………………… ……………………….. ……………………………

L'athéisme pourrait prendre des formes différentes, on le devine à travers : paroles et actes. Un individu athée, ayant au moins un brin d'intelligence, ne reste pas inactif, il cherche à avoir une place au soleil en tirant au besoin le Diable par la queue, et puis il estime évoluer sur le droit chemin en cherchant à rallier à sa cause le plus grand de gens possible. Un certain Mr. Rabah dit Ofla qui a excellé, lui aussi, dans la chansonnette et jeté des fleurs aux gouvernements, impossible qu'il puisse avoir le bon Dieu dans son cœur du fait qu'il a fourvoyé toute une nation. Une de ses chansons consiste à énumérer les villes du pays du nord au sud et de l'est à l'ouest, et puis il appelle les enfants immigrés à revenir au pays ; pour faire quoi ? Et puis un jour on l'a appelé au téléphone lors d'une émission pour s'enquérir de sa santé et pourquoi ce mutisme depuis un certain temps, et à lui de répondre ----- vous vous trompez d'adresse, j'ai tourné la page et plus jamais je n'entrerai dans votre combine… toutefois, le spécialiste de la rime n'a pas résisté à l'appel des sirènes ; on lui a fait, peut-être, une nouvelle offre plus consistante, et le voilà qui se pavane sur le plateau de la télé ; un mécréant à ne pas décrire au service d'une dictature.

………………………… ……………………….. ……………………………..

A quel niveau qu'on soit il y a le bon Dieu à adorer ou à craindre en traçant une limite à ne pas dépasser. Et il y a Satan qui se tient à l'ombre en faisant agir ses dévots. Tôt ou tard, on se fait remarquer dans un milieu pourri jusqu'à la moelle osseuse ou bien en milieu sain. Dans l'un comme dans l'autre, si on agiten adoptant la politique qui prévaut sur le terrain, on est encouragé à persévérer ; dans le cas contraire on cherchera à vous dissuader. Une personnemécréante, en position de force, ne recule devant rien sauf plus forte qu'elle.

Moi, Mr. Fakir, qui ai voulu agir dans la transparence la plus totale, j'ai été stupéfait à plusieurs reprises en voyant des gens peu scrupuleux et puis des agents qui partageaient le même bureau avec moi. Contre vent et marais, j'ai été forcé à partir en retraite anticipée. En dernier lieu, un chef de service m'a fait voir la couleur de la carte ----- je respecte votre volonté Monsieur, qu'il m'a dit, mais de hauts responsables s'en foutent de votre loyauté. O qu'est-ce que je n'ai pas vu dans ma chienne de vie ? Toutefois, ma foi n'a été que renforcée en apprenant qu'untel a trépassé suite à un cancer ; qu'un autre a été forcé de démissionner faute de poursuite judiciaires ; certains ont séjourné en prison. Moi, je me suis tiré sain et sauf avec un maigre pécule ; c'est là la volonté de Dieu.

Chapitre : 22
Quel avenir pour les croyants sous le soleil de Satan ?

Dans un monde où la matière a pris le dessus sur toute autre considération. Des crises économiques ; sociales, qui sévissent un peu partout pour départager le monde en deux parties distinctes : le nord et le sud. Des guerres civiles tel un feu de brousse lequel met fin en cinq secs à un régime dictatorial ;des coups d'état masqués---- ici le nominatif importe peu---------------- un monde en perpétuel mouvement ; une marmite qui bouillonne. Pendant ce temps-là, le bon Dieu agit en mettant fin à des individus qui sont arrivés à un point de non-retour ; le mal travaille, de l'intérieur, pour qu'untel tombe raide mort ou bien subit une longue souffrance qui le fait voyager à travers le monde et consulter des grands professeurs en médecine. Ces derniers n'échappent pas à la règle du moment que leur savoir se limite à un corps qui a tendance à perdre sa vitalité et se refroidir. Ils ignorent que tout un programme de destruction s'enclenche faute d'un lien avec le bon Dieu.

....

Sans limites d'actions, est l'être humain ? Il aurait revendiqué sa déité ; il aurait semé la zizanie là où il passe. Sorciers et sorcières en connaissent un bout mais ils sont induits en erreur par le prince des ténèbres qui a un savoir étendu en matière d'élimination de son ennemi. Cependant, lui n'agit pas il assiste un mécréant et lui susurre ce qu'il doit faire.

.....je suis resté ébahi, assure Mr. Fakir, en procédant à une analyse rigoureuse de toute stratégie adoptée, un plan d'actions, visant un individu à abattre qui est resté innocent ou presque, tôt ou tard, son cerveau se développera.

....

Certes, Satan a peur de son créateur, toutefois, ce dernier lui a accordé un délai jusqu'à la fin des temps sur terre. De ce fait, ce qui le terrorise, c'est cette créature chétive, susceptible d'acquérir une science, étendue, à même de lier les mains à ce Diable en furie. Dans ce sens, l'entité du mal à travers les siècles est passé par des époques florissantes et d'autres creuses. Aux prophètes et messagers se sont succédé des savants qui ont la science du livre. Au jour d'aujourd'hui le mal a pris une envergure telle que les croyants, les vrais, se comptent sur le bout des doigts. Le monde, la vie sur terre, en ce qui concerne l'être humain, vit ses derniers jours, à moins d'une prise de conscience qui a comme base le but de ce passage sur terre voulu par le bon Dieu.

Chapitre : 23
Toutes les religions sont venues en étrangères, elles s'en iront en étrangères

Déjà, actuellement, le croyant devient un individu douteux, on le craint de dévoiler certaines vérités cachées. Là où il passe les bouches se taisent ; sur le lieu du travail, s'il n'abdique pas, il est mis en quarantaine. Mr. Fakir a connu des employés qui ont piqué une dépression nerveuse ; d'autres ont démissionné, ils n'ont pas eu le choix. Quelqu'un a parlé en ces termes en ces temps- là ---------------- j'étais seul parmi les loups. N'est pas loin le temps où le croyant sera pourchassé comme une bête sauvage qui refuse d'intégrer le troupeau. Ce que les mécréants ne savent pas c'est que le croyant, le vrai, voit et entend ce qu'eux n'imaginent même pas. A un haut degré de développement les forces des ténèbres fuient les lieux où le croyant passe ; le bon Dieu assiste ses fidèles serviteurs.

....

Une guerre mondiale opposera les croyants aux mécréants ; ces derniers tomberont tels des fruits pourris. Ce qui va se passer par la suite Dieu seul le sait. Il y a eu des lessivages de par le passé : le déluge au temps de Noé, et ces derniers temps : cancer et sida et puis un corona virus qui n'a pas encore livré tous ses secrets.

Chapitre : 24
La vérité est inscrite dans le cerveau de tout un chacun

Sans l'ombre d'un doute, peuvent y accéder des vrais croyants après un travail laborieux ; une évidence qui transparait à travers le comportement des mécréants à quel niveau qu'ils se trouvent. La pensée est la mère de l'acte ; un athée a peur, il ne connaitra jamais la paix de l'âme ; on rencontre certains qui accumulent des biens de tout genre et qui ne mangent pas à leur faim ! le paraitre, comme qui dirait : monsieur m'a tu vu ? Prime sur toute autre considération. La peur de la mort, une véritable phobie, les pousse à aller voir un médecin au moindre bobo.

....

Mais qui des mécréants, auraient idée que le programme de son cerveau a été faussé par une conduite qui prête à équivoque ? Tout un programme bousillé, qui fait les siennes, parce qu'il y a contradiction. Des lois divines immuables sont bafouées. Un processus, dans ce cas précis, est enclenché pour une destruction ; les voies du seigneur sont impénétrables, mais il est surtout question de maladies chroniques ; de folie, selon le degré du tort fait par le sujet.

....

Et qu'est qui se passe si un individu réussit à avoir accès aux zones où est inscrit le programme d'action de son cerveau ? Il est claire que ce n'est pas une boite qu'on ouvre pour voir de ses yeux ce qu'il y a dedans, ni une fiche à bronchée quelque part pour afficher des données sur un écran. Incroyable mais vrai, la forme du cerveau atteste, on ne peut mieux, cet état de fait ; le conscient et l'inconscient qui caractérise le cerveau en est une preuve formelle. Est-ce que les deux zones sont les mêmes dans le cerveau de tout un chacun ?

Mr. Fakir a eu un fou rire en apprenant qu'une importance capitale est accordée à la dimension ; ce dernier peut être immense, mais rempli de futilités ; un genre de perroquet qui répète des informations glanées çà et là sans pouvoir faire une synthèse et obtenir un résultat à même d'éclairer ses semblables qui versent des chaudes larmes pour un passage limité sur terre.

Chapitre : 25
Le plus grand diplôme

J'ai été ébahi en entendant cette question de :

----- Mr. Fakir, quel diplôme avez-vous, un doctorat...cycle ?

----- non, je ne suis qu'un technicien supérieur en gestion de production....dernier poste que j'ai occupé durant quatre années. J'ai débuté comme agent d'enlèvement de marchandises, et j'ai fait du chemin en passant par simple agent d'approvisionnement. Mais qu'est-ce que je suis en train de raconter là ? C'est là mon défaut, j'ai une langue très longue, source de tous mes maux.

----- non, non ; continuez, vous m'intéressez car vraiment cela me bouche un coin ; vos informations ne courent pas les rues, et je vous donnerais le plus grand diplôme.

Et Mr. Fakir se calle sur son siège et entreprend de narrer une vie de chien errant et dit------ce qui m'a toujours intéressé est la quête de la vérité, je vous épargne la description d'une misère sans nom mais qui a été bénéfique, et je m'en fous. Cependant, des qualificatifs que les autres daignent m'attribuer ne m'émeuvent pas, j'aspire à une grâce du seigneur et rien d'autre. Je suis de l'avis d'une poignée d'hommes et de femmes qui considèrent ce passage sur terre rien qu'un pont qui mène vers un au-delà. Et que vaut une science aussi étendue soit-elle si son détenteur n'arrive pas à connaitre sa véritable nature ?

....

---- et que dire d'un soi-disant savant, qui essaye par tous les moyens de faire admettre aux autres, être un descendant d'un primate, un singe ? Il est plus aberrant encore la thèse d'un singe qui s'est redressé sur deux pattes, et par voie de conséquence son centre de gravité s'est déplacé ; s'en est suivie toute une métamorphose, avec la libération de ses membres supérieurs pour effectuer des travaux de tout genre. Non, le bon Dieu est clair là-dessus, une partie des humains ont été damnés et rabaissés au rang des primates, sur quatre pattes et aphones. Et puis assure Mr. Fakir, un athée qui étale sa nature,à quel niveau qu'il soit, ne cherche pas à expliquer quoi que ce soit, il essaye dejustifier des actes dignes d'un animal ; une approche qui prête à équivoque, où la contradiction prime sur toute autre considération.

……………………… …………………………… ……………………………………..

L'être humain descendant d'un singe ? Soit, et après, qu'est-ce que cela va impliquer autre que des propos sans queue ni tête ? Le savant qui essaye de faire admettre sa thèse évoquera, peut-être, le hasard quant à la ressemblance physique entre humain et animal.

----- par hasard, tout le monde à une tête sur les épaules qui dominent lecorps ;

----- deux mains ; deux jambes ; deux yeux ; deux oreilles ; deux narines etc.

Cela n'implique pas l'existence de deux voies à suivre, celle du bien et celle du mal ?

…………………………… ……………………………… ………………………………

Le plus grand diplôme que j'ai pu avoir, assure Mr. Fakir, est la ferme conviction qu'il Y a------ un bon Dieu ; un au-delà ; qu'ici-bas tout un travail à accomplir et qui est ni plus ni moins une adoration du seigneur des cieux et de la terre ; qu'un jour je dois rendre compte de mes actes etc.

Compte-tenu de ce qui précède, plus rien ne m'effraie pour avoir fait un long chemin sur cette voie. Me revient à l'esprit ce qu'on a rapporté de Leonard de Vinci alors qu'il pleurait la perte de sa mère----- toi, le savant, qu'on lui a dit, pourquoi tu pleures ? Et à lui de répondre------ elle sert à quoi ma science devant la mort de ma génitrice ?

Chapitre : 26
La religion et la politique

Cela revient à dire : qui est le premier à être créé, la poule ou l'œuf ? On peut également se poser la question : que vaut une existence sans religion ? Le rapport religion/politique a toujours existé. A différentes époques, la religion est venue mettre un terme aux agissements d'un mécréant lequel est parfois s'est proclamé Dieu. Il est des noms à citer à titre d'exemple : César ; pharaon ; crésus etc. point de messager après Mohamed (s.d.l) ; un tas de raisons pourraient être avancées dans ce sens par des savants versés dans ce domaine des religions ; les voies du seigneur sont impénétrables. De toute façon, les mécréants des temps modernes ont appris la leçon sur le bout des doigts et ontpris la religion en otage ; il n y a que les chrétiens qui ont pu se détacher de l'emprise de l'état. Cependant, leur action reste circonscrite pour ne prêcher que la bonne parole dans les églises ; ils ont leur tété et font un travail louable qui aboutira un jour ; juifs et musulmans restent prisonniers de leurs états.

....

Le mécréant a compris et su que si la religion chevauchait avec la politique, son existence en tant que tel se trouverait menacée. Ruse ; diabolisations de la religion et autres considérations ont fait que l'homme de la mosquée ; de la synagogue, devient un simple salarier celui qui légifère ne le consulte pas. Tous les systèmes politiques ne prennent pas en compte la religion comme pouvant être une issue de secours ici-bas avec espoir d'être gratifier dans un au-delà.
La droite comme la gauche, les systèmes totalitaires voire les dictatures essayent de museler tout ce qui a trait au divin. La religion, dans bien des cas, dans des pays qui se réclament être musulmans ou juif devient un sujet tabou. Au lieu et place de débattre des possibilités qu'offre la clairvoyance à la lumièredes saintes écritures, on traite des futilités liées aux ablutions.

....

Deux mondes diamétralement opposés qui s'affrontent, et l'athéisme a pris le dessus, et l'existence continue, à dérouler son tapis, avec ses hauts et ses bas en dents de scie. Une personne et une seule pourrait tout changer ; elle est assistée par un tas d'autres qui font irruption sur scène comme tombés du néant ; il y a dans ce cas précis, le rétablissement d'un équilibre rompu. Mais cela ne durera pas longtemps, les forces des ténèbres reviennent à la charge : poids et contre poids font mouvoir les uns et les autres jusqu'à la fin des temps.

……………………………… ………………………… ……………………………

Ce que les gens d'une manière général ne comprennent pas c'est le fait qu'il n y a pas de miracles dans la pratique de la religion ; que si phénomène il y a cela obéit à une science qui dépasse de plusieurs années lumières celle qui prévaut sur le terrain et embrasse tous les domaines de la vie, à titre d'exemple : des prophètes et messagers de Dieu ont fait ceci et cela, et puis à de rares époques de l'existence, un homme ou une femme, des héritiers de la parole divine se sont distingués par des travaux qu'ils ont entrepris et réussi là où d'autres malgré leur bonne volonté ont échoué. Toutefois, de leur vivant on a essayé de les diaboliser, à défaut du qualificatif de saint, à leur attribuer, ils ont été désignés par le nominatif de sorcier ; après leur disparition, c'est toute une histoire à dormir debout que les uns et les autres se plaisent de narrer.

Chapitre : 27
J'ai été un athée ?

Ce que je suis en mesure de dire est le fait que durant longtemps je ne connaissais Dieu que par ouïe dire. Mon environnement immédiat est pour beaucoup de chose dans cette situation qui prêtait à équivoque : la famille ; le voisinage ; un peu partout où j'ai trainé mes savates depuis ma tendre enfance jusqu'à l'âge adulte. Notre religion a voyagé à travers des générations pour aboutir jusqu'à nous ; elle est presque devenue étrangère. Evoquer le bon Dieu, jusqu'à un passé récent, était des paroles à débiter en prenant conscience d'une situation désastreuse dans laquelle j'étais embourbé jusqu'aux oreilles. Moi, Mr. Fakir, je crois être tiré d'affaire et eu en main le minimum pour continuer un travail, louable, celui d'adorer le bon Dieu. Autour de moi je continue à voir et écouter les méfaits du non contact avec le seigneur. Je pense, sincèrement, pouvoir aller loin, à la seule condition d'observer de la patience et de ne pas sous-estimer le mal, un mal omniprésentqui ne perd pas espoir d'un fourvoiement jusqu'à perdre le nord.

....

Je me souviens ne pas pouvoir me concentrer sur un problème, épineux, qui a fait de ma personne une loque humaine : point de suite dans les idées ; une haine sans fondement envers les uns et les autres ; des arrières pensées juste après quelques propos échangés avec quelqu'un. J'étais au lycée lorsque j'ai eu à côtoyer des camarades qui pratiquaient la religion ; le mal a fait que je les voyais comme à travers une baie vitrée. A la caserne, pendant le service militaire, il y avait un nombre important de militaire actifs et autres de réserve qui ont eu un local pour des prières collectives. Moi, j'étais exclu ; il y avait même un collègue qui m'a proposé de suivre les fidèles serviteurs de Dieu et j'ai refusé sous prétexte que je n'avais pas assez d'effets vestimentaires pour me purifier à chaque fois.

Et j'ai rejoint la vie civile pour renouer avec une vie d'errant. J'ai mis un pied dans le monde du travail en qualité de simple gratte papier. Et puis les circonstances ont fait d'essayer une option celle d'évoluer sur le chemin. Tout de suite j'ai eu à admirer le revers de la médaille. Mais, on dirait que jusqu'à unpassé récent j'étais comme un mort vivant ; c'est vraiment pas beau à voir. Un travail de longue haleine, en passant par des crises multiples où tout a été remis en cause, mon identité même, le mal s'est manifesté en s'incarnant en plusieurs personnes m'intimant l'ordre de faire ceci et non pas cela. Au début d'une prière, une voix intérieure m'a posé une question : --- qu'est-ce que tu fais là ? À un moment donné, j'ai entrepris une sorte de lutte pour la survie !

....

Peut-être que j'étais devenu gênant pour les forces des ténèbres de façon à rendre un peu difficile leur travail, de fourvoyer des gens en perte de valeurs.Des actions répétitives prouvent, on ne peut mieux, ce que je suis en train devivre. Toutefois, je suis entré dans un monde de silence ; cela m'a fait mal de connaitre certaines vérités liées à la condition de l'existence sur terre.

---- quels sont les rapports entre les deux mondes, celui des humains et l'autre dit parallèle ?

Après plus de 30 années de pratique de la religion, je mesure mon éloignement de mon créateur qui a duré plus de 23 ans. J'ai comme fait une seconde naissance ; désormais, plus rien ne m'étonne du fait que c'est une évidence d'agir tel un automate, esclave de ses passions celui qui est sans relations avec son créateur. Pire encore, il pourrait aller loin pour braver toutes les lois de bienséances. Ce sont là des barrières psychologiques qui invitent le mécréant àpersévérer pour une descente rapide aux enfers.

....

Certes, aujourd'hui j'ai tourné une page noircie de toute chose sauf les bonnes actions, louables, et utiles à la société ; à l'humanité. Mais de temps à autre me revient à l'esprit : untel qui m'étonnait par des sorties imprévues. Tout d'un coup il faisait comme sortir de ses gants presque pour rien ! que dire alors, lorsqu'il s'agissait d'un bien à percevoir ? Que de fois, j'ai essayé de le résonner, alors il devenait plus méchant que jamais -------------------------- que j'ai été bête, je ne cesse de répéter, d'avoir cherché à avoir des explications de la part de quelqu'un sans foi ni loi. Je butais, en effet, sur une autre vision de ce passagesur terre ; un autre programme d'action qui fait que cet individu précité concevait dans sa tête une supériorité par rapport à ses semblables ; il se croyait plus malin, très éveillé, ayant compris un tas de choses auxquelles, nous, croyants, n'avons pas accès.

Chapitre : 28
L'ignorance et la mère de tous les vices

L'être humain a été créé pour devenir savant ; le contraire se produit pour des causes diverses. L'athéisme se cultive comme se cultive la foi. Le vice plonge ses racines dans une vie de débauche où tout est permis ; très vite on devient mécréant ; difficilement on acquit une sagesse. Le bien construit et élève au rang des anges ; le mal détruit pour donner asile à un Diable qui s'incarne en la personne de l'athée. Si la foi conduit : à l'altruisme ; l'humanisme ; l'assistance à autrui ; les sentiments nobles etc. l'athéisme confère une dureté du cœur qui n'épreuve plus de pitié, de compassion ; à des degrés plus grave on se réclame Dieu.

………………………………… ………………………… …………………………

Imaginez un individu handicapé avec un seul bras, gauche ; le droit a perdu sa vitalité. Au bord de la dépression sans un espoir qui point à l'horizon, et voilà qu'il devient un jour actif, il se marie et commence à avoir des enfants, il oublie presque son handicape ; cette approche est une simple version racontéepar sa femme qui assure que son père, à elle, qui a été derrière cette transformation voire une métamorphose. Moi, Mr. Fakir sans connaitre son histoire réelle, d'après ses agissements, j'ai déduis ce qui suit : Mr. Damoul est mon voisin. …. Je me souviens comme si cela datait d'hier de mon installation au niveau d'un quartier où il habitait. Il était le premier à venir me souhaiter la bienvenue. Avec lui j'ai eu des discussions à bâton rompu. Il m'a même assuré que plus tard qu'il va me renseigner sur les habitants et leur nature véritable afin d'éviter tout problème. Mais voilà que du jour au lendemain je ne le reconnais plus, alors que j'entreprenais l'agrandissement de ma demeure, lui faisait allusion à quelqu'un venant d'un bidonville leur tenir compagnie ! Il a faitallusion à ma personne sans plus. J'ai tenu le coup. Un autre jour de bon matin, alors que je me rendais à mon travail, lui a déclaré à sa petite fille, une gamine de six ans ne vois-tu pas un garde champêtre ? Parce que moi,
frileux, je portais un bonnet en laine de couleur noire. Peu à peu Mr. Damoul a coupé les ponts avec moi, et il m'a cherché noise pour des futilités !

………………………… ………………………… …………………………….

Qui est Mr. Damoul, au juste ? La vérité est incroyable. Dans ma tendre jeunesse j'ai entendu parler de gens qui vendent leur âme à Satan, j'ai cru tout bonnement à une blague ; la vérité est incroyable, et Mr. Damoul en connait un bout qu'il cache par le fait qu'avant cette transaction il n'était rien. Après cela il a fondé un foyer et eu des enfants ; cela lui a valu d'être marqué par le sceau de Stan ; il a perdu un bras.

....

Au sujet de Mr. Damoul on raconte un tas d'histoires sauf la vraie. Ce dernier me renvoie, moi, Mr. Fakir, à un autre individu décédé il y a longtemps et qui jouait à l'exorciste alors qu'il n'en n'était pas un. Preuve est-il qu'il ne travaillaitpas durant le mois sacré du jeune ; ce que veut dire qu'il faisait intervenir des entités du monde parallèle, contrairement aux vrais exorcistes ; cela signifie, entre autres, un danger qu'il pouvait encourir pendant le mois sacré.

Mr. Allel, de son nom, passe inaperçu. Handicapé, il se déplace par le moyen d'une moto aménagée, un tricycle. Juste après son décès les langues se sont déliées pour soutenir qu'il a été bien portant jusqu'à une date où il a commencé à avoir des contacts avec le monde parallèle.

....

Tout compte fait, dans les situations précitées, l'ignorance joue un rôle primordial. Satan ou les forces des ténèbres profitent d'un quelque chose qui fait défaut à quelqu'un ; un besoin qu'il satisfait contre l'âme de ce dernier ; là-dessus, moi, Mr. Fakir, je pourrais m'étaler très longtemps.

Chapitre : 29
Moyens d'accès au monde parallèle

Il est des gens, qui sont versé dans les sciences occultes, qui ont écrit des bouquins dans le but de combattre le mal. Malheureusement, c'est là une arme à double tranchants. Ces œuvres d'une valeur inestimable ont servi à des personnes malintentionnées de pratiquer la sorcellerie. Cependant, quoi qu'on fasse on est d'un côté ou d'un autre à différents niveaux ou degrés. On peut rester longtemps à alterner entre le bon et le mauvais ; on fait des bêtises et on se rachète par l'accomplissement d'une bonne action. On commet un des pêches capitaux, et la protection divine se retrouve amoindrie jusqu'à disparaitre totalement. Malgré notre bon vouloir on est amené à : haïr quelqu'un ; un autre on n'arrive pas à le blairer ; les propos d'un tiers nous choquent à tel point qu'on veut lui tordre le cou !

....

Après plusieurs années d'existence sur terre ; un mélange de bien et du mal, une personne accompli quelque chose de louable, parfois, une parole et une seule, bien placée, suffit pour opérer un tournant dans l'existence pour risquer un pied dans un autre monde jamais imaginé auparavant. Commencent alors des épreuves de tout genre ; rien n'est donné gratuitement. Et il est des personnes qui refusent toute aventure et abandonnent au moindre bobo. Et qui dit que derrière cette épreuve il n'y aura pas accès à un éden ?

Une bonne action accomplie renforce une sorte d'immunité ; le mal trouve des difficultés pour utiliser untel à sa guise ; il multiplie donc ses attaques en utilisant au besoin un tiers qui lui est acquis afin de chercher noise à un novicequi ignore tout de ce passage sur terre.

....

Tout un réseau de personnes dépravées qui s'opposent à un autre où des croyants œuvrent sur le droit chemin ; le but est d'anéantir psychologiquement quelqu'un susceptible d'ouvrir ses yeux sur la réalité. Les gens les plus éprouvés sur terre sont les messagers ; les prophètes et puis les gens de bonne volonté.
La vérité est incroyable qui fait état : d'une mort subite d'un individu sans problème de santé aucun ; d'une famille qui se déchire ; d'un lieu qui grouillait de gens et qui devient ruines etc. une seule personne de bonne volonté vient

habiter un coin perdu ; un village ; une ville. Il fait comme un cheveu qui choit dans le potage d'une communauté qui héberge une colonie de démons. Et le bon Dieu vient à la rescousse pour assister son fidèle serviteur ; c'est là une des lois divines et tout se passe d'une manière naturelle, il y a une séparation de la bonne graine de l'ivraie ; le bien, en aucun cas, ne côtoie le mal.

…………………………… …………………………… ……………………………

Le cerveau du fidèle serviteur de Dieu se développe pour voir les manifestations des entités du monde des ténèbres ; d'identifier le fauteur de troubles parmi les humains utilisés par ces entités. L'âme aussi acquit une force inouïe qui se caractérise par une énergie à même de bruler ces entités Sataniques. Après un rude combat pouvant s'étaler dans le temps, le fidèle serviteur de Dieu, qui a pu avoir le dessus sur une entité des ténèbres, ne peut revenir à la case de départ. Par le fait même qu'il y a eu contact avec un démon, le cerveau de l'être humain désormais pourrait avoir accès au monde parallèle. Il est certains qui utilisent cet acquis pour assister des personnes envoutées et d'autres qui en font un commerce ; le risque est grand en ce qui concerne ces deniers ; lorsque la raison ne trouve pas de difficultés elle s'affole.

Chapitre : 30
Et Dieu a créé la patience

L'existence sur terre se caractérise par un temps qui s'écoule, le bon Dieu l'a divisé en : jour ; nuit ; un soleil qui se lève le matin et se couche le soir, tout au long de la journée sa position dans le ciel indique un moment déterminé. Et puis il y a les quatre saisons qui se différentient par une spécificité de chacuned'elle. On laboure la terre et on sème des grains et on attend ; on observe patience et le résultat, parfois, met un temps pour pointer son nez. Ceux et celles qui ont été gratifiés par le bon Dieu ici –bas se caractérisent par une science qui a comme base, entre autres, de la patience ; les mécréants veulenttout et tout de suite.

……………………………… ……………………………… ………………………………

A un moment où le moral était au plus bas, comme qui dirait, il rasait le sol, moi, Mr. Fakir, travaillant comme ouvrier agricole, je suis allé soulager ma vessie en retrait au milieu des roseaux. Et là qu'est-ce je trouve ? Un sac rempli de citrons, une cinquantaine de kilos ; un voleur sans doute les a cachées là pour les récupérer, peut-être, la nuit. A cette époque, encore adolescent, je n'avais aucune religion, et j'ai cru bon que voler un voleur n'est pas illicite, et j'ai donc mis le sac sur mon épaule et regagné le chantier, j'ai donné une bonnepartie aux ouvriers et pris le reste. Et j'ai réintégré le droit chemin, celui du bon Dieu. Depuis lors, à chaque fois qu'un bien me tombe du ciel me revient à l'esprit le sac rempli de citrons ; c'est là, peut-être, un signe avant- coureur d'une grâce divine à avoir dans un avenir.

……………………………… ……………………………… ………………………………

Tout est calculé, et chaque individu, selon l'itinéraire choisi, évolue comme sur un échiquier, et cette évolution n'est pas sans risque d'une dérive. Sans lien avec Dieu on est à la merci de Satan. Sans le sou, avec de l'air dans les poches ; c'est de la pure folie de prétendre être roi. Et quels sont les débouchés pour nepas avoir de relations avec le bon Dieu ? La liste est longue à énumérer : c'est làtoute une transformation voire une métamorphose qui vise un programme inscrit initialement au niveau du cerveau, du moins les grandes lignes. Sans relation avec le bon Dieu, on s'embarque sans destination ici –bas. La vie revêt alors un caractère artificiel pour accorder une importance capitale à des futilités au détriment de l'essentiel !

....

Avec l'observation de la patience, les passions de quelle nature qu'elles soient si elles ne s'annulent pas deviennent modérées. De ce fait on conserve toujours l'instinct de survie à travers une progéniture sans trop être exigent surle choix du partenaire. Dans ce sens, un homme ou une femme demeure comme tel quel que soit : la couleur de la peau ; la race ; la taille ; la situation sociale, sauf cas vraiment extrêmes. Et que veut dire la vie avec un partenaire qui ne craint pas Dieu ? Il est susceptible de se montrer gentil à l'extrême pour un bout de temps, sans retenue aucune. Toutefois, si son intérêt se trouve menacé on ne le reconnaitra plus.

....

A un degré d'élévation spirituelle on voit la vie à nu. Dans un premier temps, moi, Mr. Fakir, je me suis cru en train de devenir fou. Mais on dirait que le vernis qui ornait la surface des objets a disparu : les pièces de monnaies sont devenues de vulgaires pièces métalliques, et les billets de banque du papier seulement ! et cela ne s'est pas arrêté à ce niveau ; en prêtant parfois une oreille attentive aux propos des gens, je découvrais l'absence de logique, cohérente ; du n'importe quoi qu'on chante avec passion sinon avec rage !

Chapitre : 31
La valeur de l'être humain

Toute une histoire est liée à l'esclavagisme et pourtant aucune étude n'a été faite dans ce sens ! La race blanche a asservi la race noire ; pourquoi pas le contraire qui s'est produit? Une énigme à élucider. Toutefois, cela donne un aperçu sur la valeur, de cet être humain, qui n'est pas stable, et susceptible d'être cotée au top niveau ou bien abaisser jusqu'à raser le sol. Au quotidien, l'œil de l'observateur, ou les gens éclairés, voient et font le constat, parfois, amer, pour distinguer des individus évoluant dans un paradis terrestre et des autres dans un enfer. Pour quelques sous, hommes et femmes, triment à longueur de journée sans pour autant pouvoir joindre les deux bouts. On parle de carrière professionnelle pour cumuler 32 années de cotisation, et puis sortir d'un engrenage qui se caractérise par un va et vient incessant de la maison au lieu du travail et vice versa. On obtient, pour ceux et celles qui vivent longtemps, la liberté avec un maigre pécule, juste pour ne pas crever, en entamant une vieillesse ! Mais qui aurait idée d'une gestion, en bonne et due forme, de ce passage sur terre, qui tient compte des paroles et des actes ?

....

Au sein du monde des mécréants on ne cesse de passer de la surprise à l'étonnement ; à coup sûr, l'essentiel est caché. Dire que toute action s'inscrit dans la transparence est un leurre ; qu'il y a un système qui fait tout afin de se maintenir au pouvoir quitte à pactiser avec le Diable, est ce qu'il y a de plus juste ; qu'il y a une organisation mondiale chapeautée par untel qui incarne le mal n'est pas aussi du tout à écarter. Dans tous les cas de figure, la valeur de l'être humain se mesure à la somme d'argent qu'il a dans les poches ou qu'il a en compte.

....

L'échelle de valeur qui convient d'adopter, serait de comparer un individu sain d'esprit à un autre sujet à troubles psychologiques ; un citoyen utile à la société à un autre nuisible etc. et puis combien sont ceux et celles qui se hissent au summum de la hiérarchie sociale et se sont maintenus durablement ? il y a pas parmi ceux cités précédemment qui ont eu une fin atroce, après avoir souffert le martyr ; terminé leur jours sur la sellette ?En opposition à ceux –là, de simples gens qui sont partis sans cri de douleur ; celaa étonné plus d'un sans pour autant chercher à comprendre ce phénomène.

Chapitre : 32
Dieu est le plus grand

Le Muezzin, qui appelle à la prière cinq fois par jour, répète cette vérité, très lourde de sens. Sa signification demande de s'étaler longtemps sans pour autant cerner le problème qui oppose le bien au mal, d'où résulte l'adoration d'un Dieu unique, clément et miséricordieux. Dieu dans son immense sagesse n'a pas voulu créer un être chétif qui le représente sur terre. Une expérience aété faite avec une autre entité, celle des Djins d'où Satan en est issu. Dieu a voulu que cet être humain soit savant. Toutefois, ce savoir qui élève au rang des anges n'est pas octroyé gratuitement, sans effort, afin de l'apprécier à sa juste valeur ici-bas avec une gratification dans un au-delà. Le bon Dieu a anoblil'intelligence au détriment d'un physique ; une beauté etc. à cette intelligence, qui se développe par le moyen d'un travail de longue haleine, s'opposent des plaisirs de tout genre ; des problèmes ; des maladies organiques et autres psychologiques.

....

Les instances religieuses, à quel niveau qu'elles soient, n'ont pas joué leur rôle comme il se doit. Résultat est qu'au jour d'aujourd'hui règne une confusion voire une anarchie. La pratique de la religion est un travail de longue haleine, un dévouement sans pair au seigneur des cieux et de la terre, en tenant en respect les forces du mal lesquelles sont toujours sur le pied de guerre. Il faut commencer par une entité de ce monde parallèle qui loge au sein de tout un chacun ; elle est bien tapie et fait le mort. A elle s'oppose un cerveau, une véritable machine susceptible d'arriver au top niveau du développement et mettre cette entité précitée devant le fait accompli ; cette dernière ou bien elle lève le drapeau blanc ou est anéantie.

....

Les instances religieuses souvent font mention d'un au-delà. Elles font peu ou pas du tout référence à ce passage sur terre, très hostiles, parfois, à faire perdre La foi à plus d'un au milieu des tourments de cette existence. Qui des humains continue à clamer haut et fort : Dieu est le plus grand ?

Chapitre : 33
Les ennemis de Dieu

Satan ouvre la marche à toute une organisation mondiale qui réunit en son sein des milliards d'êtres humains des deux sexes et puis d'autres appartenantau monde parallèle. Il est parmi eux certains qui savent très bien ce qu'ils font,et d'autres qui sont induits en erreur. À différents niveaux de la société, on est avec ou contre le bon Dieu. Et pendant que certains hommes et femmes de bonne volonté œuvrent afin d'éclairer leurs semblables en prêchant la bonne parole, et puis observent surtout un comportement exemplaire dans la transparence la plus totale, il en est d'autres qui font exactement le contraire.

…………………………………… ………………………… ……………………

L'œil de l'homme qui a la foi verrait surement la vérité vraie. Dans cet ordre d'idées, il est de bons bouquins comme de bonnes chansons ; des films qui ouvrent l'esprit et d'autres qui étalent le sexe pour un plaisir ici-bas sans un espoir dans un au-delà. Une guerre sans merci a commencé un jour avec la création du père de l'humanité dans le ciel, dans un paradis, et elle continue sur terre. L'homme qui a la foi développe des idées constructives ; le bien élève, il réunit autour d'un projet de société. Le serviteur de Dieu est assisté par les forces du bien ; l'adorateur de Satan fait le contraire. Sans protection aucune, à un haut degré de dépravation, le mal a facilement accès au cerveau de ce dernier pour le manipuler à sa guise. De ce fait il ne développe que des idées noires. Satan lui susurre à l'oreille qu'il est : beau ; très intelligent ; né pour commander, utiliser ses semblables afin d'accéder à un haut poste de responsabilité ; cumuler des biens de tout genre. Dans ce contexte, ce prévôt du mal détruit au lieu et place de construire ; sème la discorde là où il passe ; rabaisse au lieu d'élever etc.

Conclusion

Le monde des mécréants est un monde inimaginable, à découvrir en premier lieu par celui qui évolue sur un chemin sinueux. Il fait comme entrer dans une forêt vierge. Il passe, dans ce cas, de la surprise à l'étonnement. Il peut être subjugué par une facilité inouïe du fait que beaucoup de portes interdites d'accès à beaucoup des mortels lui sont ouvertes toutes grandes. Cela le laisse supposer être : surdoué ; super intelligents. A aucun moment il ne pensebénéficier d'une assistance de Satan.

……………………………… ……………………………… …………………………

Un individu mécréant doit réussir dans son entreprise fallacieuse, au besoin : il triche, ment, emploie la ruse et la tromperie. Il devient, facilement, de ce fait : voleur, et hésite peu à trucider untel qui s'oppose à ses desseins. Un individu mécréant, instruit, s'il est riche, il investit à cours, moyen et long terme, dans la promotion de la dépravation. Il finance, de ce fait, des films pornos : le trafic des stupéfiants ; il tient en mains les maisons closes ; les dancings etc. plus grave encore : que dire d'un passeur aux frontières d'entités Diaboliques à introduire dans le monde des humains.

……………………………… ………………………… …………………

Cependant, un mécréant n'échappe jamais à la colère Divine et paye cher ce qu'il prend d'une manière illicite ; un bien mal acquis à une durée de vie de qui n'excède, en aucun cas, quarante années ; il ne peut être légué à sa progéniture. A un degré ultime, cas de vente de l'âme à Satan, on est marqué àjamais par son sceau avec perte :

----- d'usage d'un membre du corps ;

----- défaillance de la mémoire ;

------ une faim perpétuelle jamais satisfaite ;

----- une adoration de l'argent ; de l'autre sexe etc.

Le cerveau susceptible de se détraquer pour développer des maladies incurables ; chroniques ; des folies dites démoniaques. Et le mécréant ira loin pour soutenir dur comme fer : appartenir à l'autre sexe, cas d'un masculin quise travestit en féminin !

Que Dieu nous préserve. Amen

Fin

Tables des matières

Printed by Books on Demand GmbH, Norderstedt / Germany